westermann

Claudia Schmitz

Arbeitswelt 4.0

Neue Kompetenzen in der Arbeitswelt 4.0

1. Auflage

Bestellnummer 221361

Die in diesem Werk aufgeführten Internetadressen sind auf dem Stand zum Zeitpunkt der Drucklegung. Die ständige Aktualität der Adressen kann vonseiten des Verlages nicht gewährleistet werden. Darüber hinaus übernimmt der Verlag keine Verantwortung für die Inhalte dieser Seiten.

service@westermann.de
www.westermann.de

Bildungshaus Schulbuchverlage Westermann Schroedel Diesterweg Schöningh Winklers GmbH, Postfach 33 20, 38023 Braunschweig

ISBN 978-3-14-**221361**-3

westermann GRUPPE

Vorwort

Arbeitswelt 4.0 ist neben den Schlagwörtern Digitalisierung und Industrie 4.0 aus Zeitungen, Magazinen und Neuerscheinungen bei Büchern nicht mehr wegzudenken.

Die Arbeitswelt und damit unserer heutiger und zukünftiger Arbeitsplatz sind im Wandel. Viele verbinden damit zunächst die Arbeit im Home Office und gehen zunächst von einer reinen Veränderung von Bürojobs aus, die ihre Arbeit einfach an einen anderen Ort verlegen. Das Arbeiten in einer neuen Arbeitswelt geht weit darüber hinaus: Es kommen neue Arbeitsfelder, Schwerpunkte der Tätigkeiten, kleinere und größere Veränderungen der Geschäftsfelder bis hin zur Auflösung von einigen Jobs – auch im gewerblich-technischen Bereich - auf uns zu. Die Digitalisierung, die uns Routineaufgaben abnimmt und Arbeiten vereinfacht, führt gleichzeitig zu neuen Aufgaben und birgt immer die Gefahr uns in Teilen bis hin zu vollständig ersetzen. Die Globalisierung birgt neue Absatzmöglichkeiten in anderen Ländern, gleichzeitig treten Unternehmen weltweit in Konkurrenz. Das bedeutet, das unser Arbeitsplatz und einzelne Tätigkeiten auch von Arbeitskräften aus der ganzen Welt in Konkurrenz steht und eine schnelle Reaktion erforderlich wird. Der demografische Wandel in der westlichen Welt führt zu einem erhöhten Bedarf von Arbeitsplätzen, bei denen die Herausforderung besteht, dass die Kompetenzen der Arbeitskräfte zu den Anforderungen passen müssen. Ein kultureller Wandel, bei dem Unternehmen flexibler reagieren und agiler arbeiten, sowie Fachkräfte diese Flexibilität z. B. bei der Vereinbarkeit von Beruf und Familie einfordern, erfordert von Mitarbeitern den Umgang mit diesem kulturellen Wandel sowie eine neue Herangehensweise ans Arbeiten und dem Bewältigen von Problemen.

Als Mitarbeiter muss man sich somit flexibel in der Arbeitswelt bewegen und auf Veränderungen wie z. B. neue Tätigkeiten, Aufgaben und neue Arbeitsfelder einstellen können. Essentiell ist dabei der Erwerb von überfachlichen Kompetenzen, die universell bei jedem Aufgabengebiet ihre Bedeutung haben. Überfachliche Kompetenzen sind auch bekannt als sogenannte „Schlüsselkompetenzen" wie Teamfähigkeit, Kreativität und komplexe Problemlösefähigkeit. Bis jetzt galt, je mehr desto besser und stärker desto besser je Aufgabengebiet bzw. Tätigkeit. Beispielsweise Kreativität wurde bis jetzt insbesondere von künstlerischen Berufen benötigt. In der Arbeitswelt 4.0 gewinnen diese überfachlichen Kompetenzen jedoch für jede Fachkraft an Bedeutung und es kommen weitere Kompetenzen hinzu.

In diesem Buch geht es um den Einfluss der Arbeitswelt 4.0 auf den heutigen und zukünftigen Arbeitsplatz und bedeutsame Kompetenzen wie Problemlösekompetenz, Veränderungs- und Lernkompetenz, Zusammenarbeit mit Kunden und Kollegen, interkulturelle und generationsübergreifende Kommunikation sowie Digital- und Medienkompetenz.

Claudia Schmitz, Köln, März 2020

Kapitel I

1. Arbeitswelt 4.0

Kapitel II

2. Problemlösekompetenz

Kapitel III

3. Veränderungs- und Lernkompetenz

Kapitel IV

4. Zusammenarbeit mit Kunden und Kollegen

Kapitel V

5. Interkulturelle und generationsübergreifende Kommunikation

Kapitel VI

6. Digital- und Medienkompetenzen

1. Arbeitswelt 4.0

1.1 Arbeitswelt 4.0 – Was ist das?

Digitalisierung, Arbeitswelt 4.0 und Industrie 4.0. – Diese Begriffe sind aus Zeitungen, Online-Magazinen und Neuerscheinungen bei Büchern nicht mehr wegzudenken.

Zwar kann der Eindruck entstehen, dass diese Begriffe nur Marketingbegriffe oder gar „alter Wein in neuen Schläuchen“ sind. Bei genauerer Betrachtung wird jedoch offensichtlich: Unsere Gesellschaft befindet sich mitten in einer industriellen Revolution.

1.0 Dampf	**2.0 Strom**	**3.0 Elektronik**	**4.0 Vernetzung**
Einsatz von Maschinen, getrieben von Wasser und Dampf	Einsatz elektrischer Energie, Aufbau von Fließbändern und Massenfertigung	Einsatz von Elektronik und erste Schritte in der IT	Einsatz neuer IT, Steuerungsarchitekturen und Vernetzung (IoT)

Darstellung der vier industriellen Revolutionen.

Der Begriff Arbeitswelt 4.0 leitet sich von Industrie 4.0 ab. Die Nummer 4.0 ist bekannt aus der IT und bezeichnet eine Versionsnummer, wie sie auch bei Software-Updates verwendet werden (z. B. Betriebssysteme, Programme, Spiele). Da Industrie 4.0 viel Digitales umfasst, wurde in dieser Anlehnung die Versionsnummer gewählt.

Mit Industrie 4.0 ist somit die gerade stattfindende vierte industrielle Revolution gemeint. Dabei ist auch von einer digitalen Revolution die Rede.

Durch die Einführung des Computers ist die digitale Revolution bereits schon mit der dritten Revolution gestartet und zieht sich seitdem schleichend durch alle Berufs- und Gesellschaftszweige hindurch.

Neu hinzu kommt jetzt – mit der vierten industriellen Revolution – die Vernetzung und Kommunikation der Maschinen untereinander. Diese Vernetzung wird auch als Machine-to-Machine-Kommunikation (M2M-Kommunikation) bezeichnet.

Arbeitswelt 4.0 bezeichnet die Formen sowie Arbeitsverhältnisse, die sich aktuell verändern. Sie muss sich sowohl an die neu entstandenen Chancen als auch an die Herausforderungen anpassen, die mit dem technologischen Fortschritt einhergehen.

Der Fokus der Diskussion liegt hier insbesondere darauf, wie Arbeiten flexibilisiert wird und wie „Gute Arbeit" ermöglicht werden kann. (Vgl. BMAS: Weißbuch Arbeiten 4.0, 2017, S. 92ff.)

Wie sich Arbeiten 4.0 in Zukunft im Detail gestaltet, ist Teil des offenen Gestaltungsprozesses von Gesellschaft, Politik und Unternehmen.

1.2 Einflüsse auf die Arbeitswelt

Ein genannter Grund, warum die Arbeitswelt sich gerade besonders stark verändert und unsere Gesellschaft sich mitten in einer industriellen Revolution befindet, ist der Einfluss der **Digitalisierung**.

80% der deutschen Arbeitnehmer haben in ihrem Berufsalltag mit IT zu tun. (Vgl. BMAS: Weißbuch Arbeiten 4.0, 2017, S. 19)

Folgende Grafik macht deutlich, dass auch weltweit die Digitalisierung auf dem Vormarsch ist:

Wachstum der Mobilfunknutzung bis 2020 (aus: Bundesministerium für Arbeit und Soziales, Weißbuch Arbeiten 4.0, 2017); Quelle: Cisco(2016): 10th Annual Cisco Networking Index (VNI) Mobile Forecast Projects 70 Percent of Global Population Will Be Mobile Users.

Drei Bereiche der Digitalisierung machen den Fortschritt und die Veränderung in der Arbeitswelt aus:

1. **IT und Software:**
   In den letzten Jahren hat sich sowohl die Leistungsfähigkeit von Prozessoren als auch die Bedienbarkeit für den Endbenutzer so gut und kostengünstig entwickelt, dass sie vielfältiger nutzbar ist. Dadurch entwickeln sich immer mehr neue Möglichkeiten. Ein Ende der Entwicklung ist noch nicht in Sicht.

2. **Künstliche Intelligenz (KI):**
   Selbstlernende Programme und Maschinen werden entwickelt, die mit der Intelligenz des Menschen mithalten und damit auch immer komplexere Aufgaben übernehmen können. In einigen Fällen sind sie dem Menschen bereits überlegen.
   Diese Programme beziehungsweise Maschinen lernen mithilfe von großen Datenmengen und leiten daraus Regeln oder Modelle ab, nach denen sie dann handeln.
   Bekannt ist die künstliche Intelligenz durch Sophia, Siri, Alexa und Co. Interessant ist KI jedoch auch für die Fertigungstechnik, um Daten zur Optimierung von Prozessen zu sammeln.

3. **Cyberphysische Systeme:**
   Damit sind Netzwerke zwischen den Maschinen gemeint, die untereinander Informationen austauschen, um z. B. das Lager besser zu nutzen und

damit Logistikprozesse zu optimieren. Ein wichtiger Begriff in diesem Zusammenhang ist „Big Data", d.h. große Datensammlungen werden mithilfe der Programme und Maschinen erstellt und ausgewertet. (Vgl. BMAS: Weißbuch Arbeiten 4.0, 2017, S. 21)

Die Digitalisierung hat auch im internationalen Markt einen großen Einfluss auf die Wettbewerbsfähigkeit von Unternehmen. Digitalisierung internationalisiert durch die Vernetzung über das Internet den Wettbewerb. Beispielsweise konkurriert der deutsche Buchhandel mit dem amerikanischen Konzern Amazon.

Globalisierung

Der weltweite Wettbewerbsdruck wird zum Treiber für Produktivität, Innovation und Kosteneinsparung. Neben dem globalen Handel von Waren wird auch die Arbeit weltweit geteilt und verrichtet.

Zum einen gibt es auf der Angebotsseite eine weltweite Kundschaft. Das bedeutet z. B., dass sich Arbeitszeiten nach den Zeiten des Kunden auf der anderen Seite des Kontinents verschieben können. Zudem hat der Wettbewerb Auswirkungen auf die Produktionskosten, so dass Teilprozesse oftmals ins günstig produzierende Ausland verschoben werden. Zum anderen entwickelt sich auch das Verhalten der Kunden und Konsumenten. Durch grenzübergreifende digitale Kommunikation verbreiten sich neue Trends schnell. (Vgl. BMAS: Weißbuch Arbeiten 4.0, 2017, S. 25ff.)

Facetten von Globalisierung (aus: Bundesministerium für Arbeit und Soziales, Weißbuch Arbeiten 4.0, 2017); Quelle: Adaptiert nach Manyika u. a. 2016

Demografie und Fachkräfteangebot

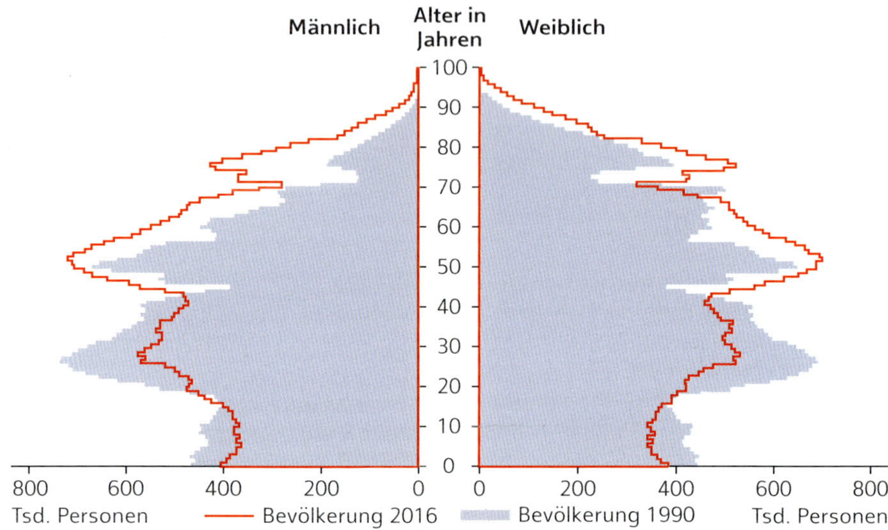

Altersaufbau der Bevölkerung 2016; Quelle: Statistisches Bundesamt (Destatis), 2018

Der demografische Wandel ist besonders in Deutschland stark ausgeprägt. Die Gesellschaft altert, was dazu führt, dass es mehr Ältere, die oftmals nicht mehr erwerbsfähig sind, als Jüngere gibt. Grund dafür ist der Geburtenrückgang seit den 1970er Jahren. Die Statistik des Statistischen Bundesamtes aus 2019 zeigt, dass Frauen in Deutschland im Schnitt 1,57 Kinder gebähren. Bis zu den 1970er Jahren lag der Schnitt zwischen 2 und 2,6 Kindern. (Vgl. Statistisches Bundesamt, Zusammengefasste Geburtenziffer 2019)

Dieser demografische Wandel führt zur aktuellen Herausforderung der Fachkräftesicherung, die für eine stabile deutsche Wirtschaft erforderlich ist. Laut dem Institut für Arbeitsmarkt- und Berufsforschung wird jemand als Fachkraft bezeichnet, der erfolgreich seine Ausbildung bzw. Studium abgeschlossen hat. Sie unterscheiden sich durch unterschiedliche Anforderungsprofile.

Der Engpass an Fachkräften sollte zunächst sowohl mit der Qualifizierung von Älteren als auch von Frauen ausgeglichen werden. Die älteren Arbeitnehmer werden jedoch in den nächsten Jahren in Rente gehen und damit den bereits spürbaren Fachkräftemangel weiter verschärfen.

Eine weitere Möglichkeit des Ausgleichs ist die Einwanderung von Fachkräften aus dem Ausland. Für diese Gruppe bestehen nach erfolgreicher Qualifizierung gute Chancen auf dem Arbeitsmarkt.

Dennoch liegt das Problem in der Passgenauigkeit der Kompetenzen von Arbeitskräften, d.h. die Kompetenzen von Arbeitskräften auf dem Arbeitsmarkt passen zum Teil nicht mit den Anforderungen der Unternehmen überein. Um diese Passgenauigkeit zu erhöhen, führt kein Weg daran vorbei, die Kompetenzen der Arbeitskräfte – fachlich als auch überfachlich – zu erweitern, um diesen Anforderungen gerecht zu werden. Die Alternative dazu sind Fachkräfte, die nur bedingt eingesetzt werden können oder sogar in der Arbeitslosigkeit verharren, da sie nicht mehr einsatzfähig sind. Überfachliche Kompetenzen spielen dabei eine besondere Rolle.

Das Anpassen der Anforderungen der Unternehmen geschieht zu Teilen, indem man weniger qualifizierte Fachkräfte einstellt und sie im Unternehmen qualifiziert. Die Anforderungen sind aber durch die genannten Einflüsse auf die Arbeitswelt kaum veränderbar. (Vgl. BMAS: Weißbuch Arbeiten 4.0, 2017, S. 29ff)

Kultureller Wandel

Das klassische Rollenmodell in der Familie, welches bis in die 1990er Jahre vorherrschte, ist zwar heute noch vorhanden, jedoch gibt es starke Tendenzen zu einer höheren Erwerbstätigkeit von Frauen.

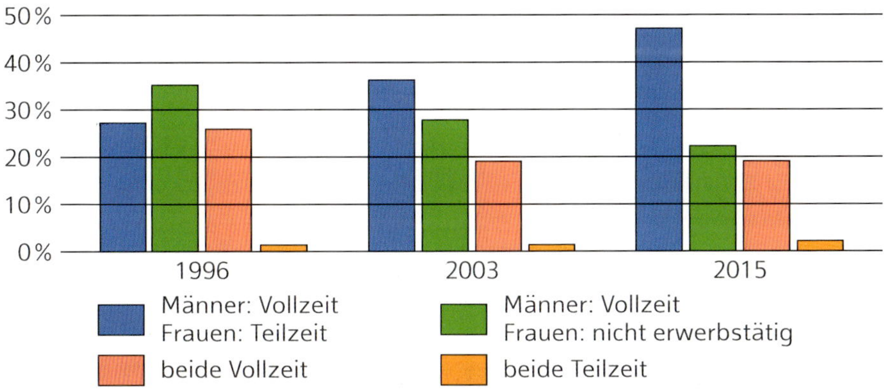

Aufteilung von Erwerbsarbeit in Paarfamilien; Quelle: Statistisches Bundesamt, Sonderauswertung aus dem Mikrozensus 2015

Um dem oben beschriebenen Fachkräftemangel entgegen zu wirken, ist es essentiell die Erwerbsfähigkeit von Frauen zu ermöglichen. Hier liegen noch viele ungenutzte Potentiale, bei denen sich Unternehmen auf andere Anforderungen einstellen und flexibler werden müssen. Zudem entwickeln sich die Ansprüche und Vorstellungen an die eigene Arbeit: Gleichberechtigung in der Arbeit zwischen Mann und Frau, Fokus sowohl auf die Familie als auch auf die Ausübung von persönlichen Interessen, Wunsch nach individueller Gestaltung der Arbeitszeit, -ort und -struktur, die je nach aktueller Lebenslage angepasst werden kann.

Da Großeltern meist nicht mehr in der Nähe wohnen, ist die Betreuungssituation zu Hause von immer größerer Bedeutung. Eltern müssen sich vermehrt selbst darum kümmern. Die Erziehungszeit sowie die Pflegezeit der Großeltern fallen häufig zusammen beziehungsweise gehen ineinander über, sodass sich viele Arbeitnehmer mehr Flexibilität ihrer Arbeitszeiten und -orte wünschen. In der Praxis müssen weibliche und männliche Fachkräfte Kompetenzen aufbauen, wie z. B. virtuelle Kommunikation mit Kunden und Kollegen, Problemlösekompetenz durch die Vielzahl und die Vermischung an neuen privaten und beruflichen Herausforderungen sowie digitale Kompetenz durch das virtuelle Arbeiten.

Des Weiteren verändern sich Konsumgewohnheiten einerseits durch Globalisierung und Digitalisierung und können andererseits dadurch besser befriedigt werden. Kunden erwarten, dass Unternehmen rund um die Uhr für sie zur Verfügung stehen.

Zum einen wird gewünscht, dass alles „on-demand" verfügbar ist und zum anderen zeichnet sich eine „Sharing Economy" ab, d. h. eine Gesellschaft, in der Besitz weniger wichtig als Nachhaltigkeit ist und Ressourcen wie Werkzeuge, Autos, Wohnungen etc. bereitwillig geteilt werden. (Vgl. BMAS: Weißbuch Arbeiten 4.0, 2017, S. 32ff.)

Die Arbeitswelt 4.0 wird von den vier Treibern Digitalisierung, Globalisierung, Demografie und Kultureller Wandel beeinflusst.

1.3 Veränderungen von Berufen

Besonders deutlich wird die Veränderung bei der Betrachtung von aktuellen Bürojobs:

Aspekt	Gestern/heute	Zukunft
Arbeitsort und -form	Vom Arbeitgeber vorgegebener Standard, zumeist im zentralen Büro	Multilokales Arbeiten Freie Wahl des Arbeitsorts durch Wissensarbeiter Mobile Büros, CoWorking Spaces Minimale oder keine „Team-Präsenzzeit" Virtuelle Kollaboration im „Metaversum" (Kollektiver virtueller Raum)

Rechtliche Form	Anstellungsverhältnisse dominant	Selbstständige und freiberufliche Formen wesentlich verbreiteter
Berufswahl und -wechsel	Wahl eines Berufs und Arbeitgebers „fürs Leben"/ für möglichst lange Zeiträume	Mehrfache, häufige Berufswechsel, freiwillig und unfreiwillig
Ausbildungszeiten	Formell größtenteils vor dem Berufseinstieg, danach punktuell Zu festen, abgegrenzten Zeiten	Während des Einstiegs in neuen Beruf oder neue Tätigkeit Bedarfs- und selbstgesteuert „Ongoing" = ständiges Lernen während der Arbeit auch ohne Job-/Tätigkeitswechsel
Charakteristika des Lernens für den und im Beruf	Größtenteils an Lernzeit, Lernorte und Bildungsinstitutionen gebunden Orientiert auf Zertifizierung/Abschlüsse Von Institutionen gesteuert	Unabhängig von Zeit, Ort und großen Bildungsinstitutionen Peer-to-Peer On demand, mobil „On the go" = Teil der Arbeit, untrennbar mit Arbeit verbunden Vom Individuum gesteuert

Wandel wissensbasierter „Bürojobs" (Bertelsmann Stiftung 2016)

Bei genauer Betrachtung des Wandels der wissensbasierten „Bürojobs" wird deutlich, dass sich Inhalte, Rahmenbedingungen (Zeit, Ort) und sogar die Art und Weise der Anstellungsform ändert. Eine Fachkraft im Bereich Büro muss ihre überfachlichen Kompetenzen (genauer erläutert in diesem Buch) wie virtuelle Kommunikation, Veränderungskompetenz, Digitalkompetenz deutlich ausbauen, um auch z. B. als Freiberufler wettbewerbsfähig zu sein. Mitarbeiter aus den Bereichen Metall, Elektro und IT sind der Meinung, dass sie auch noch in Zukunft weiter vor Ort gebraucht werden. Das wird in einigen Aufgabenbereichen auch weiterhin der Fall sein, doch auch hier bleiben Veränderungen der Aufgaben und der Rahmenbedingungen nicht aus.

Was ändert sich z. B. bei Fachkräften für Metalltechnik?

Die Fachkraft für Metalltechnik vereint seit 2013 zehn Vorgängerberufe, darunter der Teilezurichter, Drahtzieher und Federmacher. Die zweijährige Ausbildung ist heute eine gute Grundlage für verschiedene Berufswege – wie zum Beispiel der computergestützten Herstellung von Metallteilen per 3D-Druck, dem sogenannten CAM (Computer-Aided Manufacturing).

Auf diese Weise wandelt sich das Berufsbild vieler Metalltechnikerinnen und -techniker. So stehen CAD-Fachkräfte Metall (Computer-Aided Design) nicht in der Werkstatt, sondern programmieren die Fertigung vom Büro aus. Zukünftig müssten sie nicht einmal mehr dort sitzen, sondern können diese Arbeiten räumlich unabhängig z. B. auch von zu Hause verrichten. (Vgl. BMBF, Fachkraft für Metalltechnik, 2018)

Was ändert sich bei Elektronikern für Maschinen- und Antriebstechnik?

Kabel verlegen und Motoren warten, sind bekannte Aufgaben in der Arbeitswelt von Elektronikerinnen und Elektronikern. Die Zukunft wird komplexen, elektronischen Systemen gehören, in denen neben der Physik auch Teilgebiete der Informatik eine immer wichtigere Rolle spielen. So werden zum Beispiel Windkraftanlagen mit digitalen Systemen ausgestattet, bei denen speziell ausgebildete Elektronikerinnen und Elektroniker per Ferndiagnose Fehler im Betrieb feststellen können. Das heißt, auch sie müssen nicht immer vor Ort sein. (Vgl. BMBF, Elektroniker für Maschinen- und Antriebstechnik, 2018)

Was ändert sich bei Kfz-Mechatronikern?

Die Antriebstechnik entwickelt sich zu Elektroantrieben und Hybridmotoren. Es besteht die Möglichkeit, sich auf die System- und Hochvolttechnik einerseits und die Karosserietechnik andererseits zu spezialisieren. Zudem bevorzugen Kunden immer mehr individualisierte Fahrzeuge. Themen wie 3-D-Druck sowie vernetzte Komponenten gewinnen daher an Bedeutung („Internet der Dinge"). Ziel der Karosserietechnik ist es, nicht nur Dellen in Fahrzeugen auszubeulen, sondern immer mehr komplexe elektronische Systeme zu reparieren.

Elektro- und Hybridfahrzeuge basieren auf System- und Hochvolttechnik. Das führt zu neuen Herausforderungen für den Mechatroniker. Ziel ist es, komplexe Systeme funktionsfähig zu machen, d. h. Fehler zu analysieren und zu beheben, Software auf den neusten Stand zu bringen, ältere Modelle mit neuen Technologien upzudaten. (Vgl. BMBF, Kfz-Mechatroniker, 2018)

In vielen Großstädten ist durch Carsharing zunehmend wichtig, Autos in kürzester Zeit zu reparieren beziehungsweise zu warten, damit diese wieder Umsatz generieren. Auch Privatkunden erwarten eine immer schnellere Bearbeitungszeit.

> Berufe fallen weg, verändern sich und es entstehen neue Rahmenbedingungen wie Orte und Zeiten.

1.4 Kompetenzen, Qualifikationen, Fähigkeiten und Soft Skills?

Kompetenzen, Qualifikation, Fähigkeiten und Soft Skills werden häufig synonym verwendet. Dennoch ist der Unterschied zwischen den Begriffen essentiell.

Kompetenzen

Das Wort „Kompetenz" stammt vom lateinischen Wort „competentia" ab und kann mit „Zusammentreffen" übersetzt werden. „Competens" als Adjektiv bedeutet „angemessen". Kompetenz wird nach Gnahs (2007) als angemessenes Verhalten auf situative Anforderungen definiert. Übersetzt: Kann mit dem Verhalten die Situation angemessen bewältigt werden? Kompetenzen sind veränderbar und lassen sich stetig weiterentwickeln. Dabei wird zwischen fachlichen und überfachlichen Kompetenzen (Methodenkompetenz, Sozialkompetenz, personale Kompetenz) unterschieden.

Fachliche Kompetenzen sind beispielsweise technische Kenntnisse, Fremdsprachen, räumliches Vorstellungsvermögen und rechnerische Fähigkeiten, die je Beruf und Schwerpunkt im Job sehr spezifisch sein können.

Sogenannte „Schlüsselkompetenzen" sind Kompetenzen, die essentiell für die Ausübung des Berufsfeldes sind. Diese können sowohl fachlich als auch überfachlich sein und sind ebenfalls veränderbar.

Fähigkeiten

Fähigkeiten und Kompetenzen werden im Sprachgebrauch häufig gleichgesetzt. Fähigkeiten bilden jedoch nur die Basis, um Kompetenzen zu entwickeln. Sie umfassen alle körperlichen und geistigen Voraussetzungen, die für die Ausübung einer Tätigkeit benötigt werden. Ob diese in verschiedenen Situationen zu angemessenem Verhalten führen, ist damit nicht gesagt.

Beispiel: Eine Person verfügt über eine Präsentationsfähigkeit, wenn sie körperlich und geistig in der Lage dazu ist, eine Präsentation vor Publikum zu halten. Präsentationskompetent ist jedoch jemand, der über rhetorische Mittel verfügt, sich auf verschiedene Teilnehmergruppen einstellen kann und seine Botschaften an das Publikum anpasst.

Qualifikationen

Qualifikationen werden nicht nebenbei gelernt, sondern meist in einer Prüfungssituation durch Präsentation von Wissen, Fertigkeiten und fachlichen Fähigkeiten dargestellt und ausgezeichnet. Häufig ist die Person mit einer Qualifikation berechtigt – zertifiziert oder normiert –, eine bestimmte Tätigkeit auszuüben. Ob diese Person durch die Prüfungsvorbereitung oder das Bestehen der Prüfung kompetent in ihrem Fachgebiet ist, ist nicht zwingend an die Qualifikation geknüpft.

Beispiel: Der Ausbildungsabschluss „Elektroniker für Betriebstechnik" qualifiziert eine Person, bestimmte Tätigkeiten zu übernehmen. Ob diese Person kompetent genug ist z. B. als Monteur alleine hinaus zu fahren und alle anfallenden Tätigkeiten selbstständig zu übernehmen, ist durch den Abschluss alleine nicht gewährleistet.

Soft Skills

Der Soft Skills-Begriff wird landläufig für alle Fähigkeiten und Fertigkeiten verwendet, die als „weiche Fähigkeiten" angesehen werden – vereinfacht alle überfachlichen Kompetenzen. Korrekt übersetzt sind Skills jedoch Fertigkeiten und damit spezieller als Kompetenzen. (Vgl. Gnahs: Kompetenzen, 2007, S. 22/27.)

In diesem Buch liegt der Fokus auf den überfachlichen Kompetenzen, die, wie der Begriff „überfachlich" schon ausdrückt, über alle Berufsfelder hinweg von Bedeutung sind.

Kompetenzen werden über verschiedene Wege erworben. Dazu gehören Sozialisation, formales Lernen, nicht-formales Lernen, informelles Lernen und implizites Lernen. Informelles Lernen nimmt eine besondere Stellung beim Kompetenzerwerb ein. (S. Veränderungs- und Lernkompetenz.)

Beispielsweise kann durch den Besuch eines Sprachkurses für Spanisch die Sprache formal erlernt werden. Erst im Urlaub in einem spanischsprechenden Land oder mit spanischen Kollegen wird informell – nebenbei – eine Kompetenz aufgebaut, die das formal Erlernte praktisch umsetzt.

1.5 Neue Kompetenzen in der Zukunft?!

Offensichtlich ist, dass eine Veränderung des Arbeitens auch Veränderungen für den einzelnen Mitarbeiter bedeutet. Roboter und Maschinen werden einige Aufgaben übernehmen oder sogar ganze Berufe ersetzen. Was muss dann ein Mitarbeiter noch können? Neben spezifischen fachlichen Kompetenzen je nach Berufsfeld treten vor allem überfachliche Kompetenzen in den Mittelpunkt. Einige von ihnen sind bereits bekannt, bekommen jedoch im Kontext der Arbeitswelt 4.0 eine neue Bedeutung beziehungsweise größere Gewichtung.

Viele Kompetenzbereiche, die als Garant für beruflichen Erfolg aufgeführt wurden, haben sich verändert und weitere Aspekte sind essentiell geworden, um zufrieden und erfolgreich in der Arbeitswelt zu sein.

Beispielsweise wurden Facharbeiter noch vor einigen Jahren wegen ihrer sehr guten fachlichen Leistung im Kundenkontakt eingesetzt oder zur Führungskraft befördert. Heute wird immer häufiger danach ausgewählt, wie stark z. B. ihre Selbstreflexion, Konfliktfähigkeit und Empathie ausgeprägt ist.

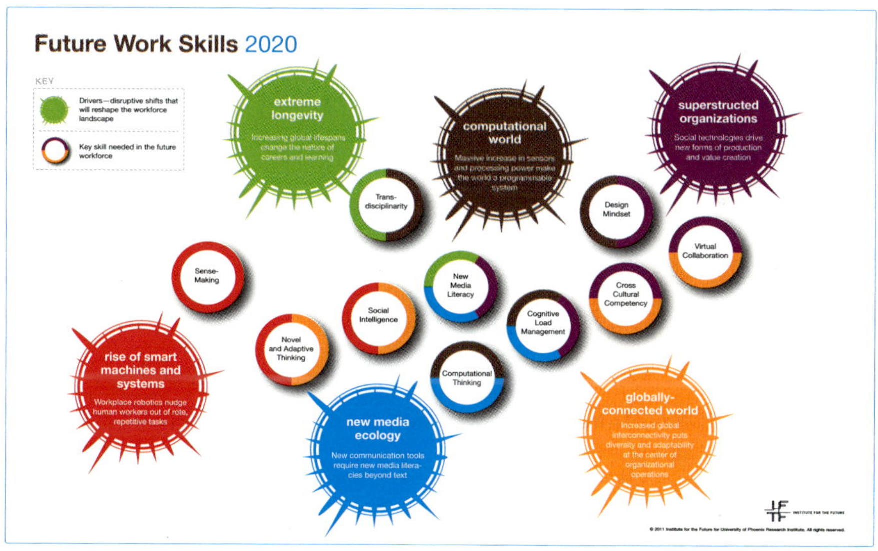

Future Work Skills 2020 (Institute for the Future for University of Phoenix)

Das „Institute for the Future" hat zehn Fähigkeiten für die Arbeit aus ihren Studien abgeleitet, die ab sofort erforderlich sind:

1. **Sense-Making** – Die Fähigkeit, den tieferen Sinn oder die Bedeutung einer Aussage zu erkennen.
   Dies bedeutet, dass Menschen weiterhin jene Aufgaben und Tätigkeiten übernehmen werden, bei denen eine höhere Denkleistung benötigt wird und es erforderlich ist, auch zwischen den Zeilen lesen zu können. Maschinen und Roboter sind dagegen nur in der Lage, Routinetätigkeiten oder standardisierte Arbeiten zu übernehmen.

2. **Social Intelligence** – Die Fähigkeit, mit anderen Menschen in Beziehung zu treten und angemessen auf verschiedene Interaktionen reagieren zu können.

Die soziale Intelligenz von Menschen, gemeinsam im Team arbeiten und Vertrauen zum Gegenüber aufbauen zu können, wird in Zukunft noch wichtiger. Im Hinblick auf unterschiedliche Größen und Zusammensetzung von Gruppen – kombiniert mit räumlichen und kulturellen Herausforderungen – ist es nicht absehbar, dass diese Feinfühligkeit in verschiedenen Situationen von Maschinen adäquat übernommen werden kann.

3. **Novel and Adaptive Thinking** – Die Fähigkeit, auch unkonventionelle Lösungen für neue Probleme zu finden.
   Sowohl für hochqualifizierte Fachkräfte als auch für Fachkräfte mit niedrigen Qualifikationsanforderungen wird die Fähigkeit, sich neuen Situationen schnell anzupassen und Lösungen für neuartige Fragestellungen und Probleme zu finden, immer wichtiger.

4. **Cross-Cultural Competency** – Die Fähigkeit, in unterschiedlichen kulturellen Umgebungen zurechtzukommen.
   Neben dem Erwerb von sprachlichen Fähigkeiten der jeweiligen Kultur, geht es auch darum, sich den neuen räumlichen Gegebenheiten schnell anpassen zu können. Darüber hinaus bedeutet dies auch, in unterschiedlichen Teams (kulturelle Herkunft, Alter, Arbeitsweisen, Wertesysteme und Bildungshintergründe) zurechtzukommen und potentiellen Konflikten entgegentreten zu können.

5. **Computational Thinking** – Die Fähigkeit, große Datenmengen in Modelle zu übertragen.
   Mithilfe von statistischen Methoden beziehungsweise dem Verständnis von Statistik werden aus großen Datenmengen sinnvolle Informationen herausgenommen, um Probleme im realen Leben zu lösen. Daten und die Analyse dessen, was sie vermitteln, werden immer wichtiger.

6. **New Media Literacy** – Die Fähigkeit, Inhalte in den Neuen Medien kritisch zu beurteilen und zu erzeugen und mithilfe von Neuen Medien überzeugend zu kommunizieren.
   „Wischen können ist nicht gleich mit Medien umgehen können." Zum einen ist nun die Fähigkeit gefordert, Medieninhalte kritisch zu analysieren und verantwortungsbewusst mit neuen Medien umgehen zu können. Zum anderen geht es darum, Inhalte auf den verschiedenen Medienformaten wie Text, Audio und Video kommunizieren und präsentieren zu können.

7. **Transdisciplinarity** – Die Fähigkeit, Herangehensweisen aus unterschiedlichen Disziplinen zu erfassen und zu verstehen.
   Viele der heutigen Probleme sind schlicht zu komplex, um von einem einzigen Wissensgebiet gelöst zu werden. Daher braucht es die Fähigkeit, zwischen verschiedenen Disziplinen zu übersetzen. Dies setzt

voraus, ständig über das eigene Fachgebiet hinaus zu lernen, um diese Verbindung zwischen den Gebieten herstellen zu können.

Beispiel: Bei der Entwicklung eines neuen Automodells hat der Designer im besten Fall nicht nur Ideen und Kenntnisse zur Gestaltung eines Autos, auch Themen wie Aerodynamik und Materialverhalten sind ihm vertraut, eignet er sich an oder tauscht sich über diese mit Experten aus.

8. **Design Mindset** – Die Fähigkeit, Aufgaben und Arbeitsprozesse in Hinblick auf ein Ziel zu gestalten.
   Für verschiedene Aufgaben und Prozesse sind unterschiedliche Umgebungen notwendig. Somit wird es immer wichtiger, auswählen zu können, welche Arbeitsumgebung für die Lösung eines bestimmten Problems erforderlich ist und wie diese gestaltet sein muss.

9. **Cognitive Load Management** – Die Fähigkeit, mit den Datenmengen umgehen zu können und Informationen nach ihrer Wichtigkeit zu filtern.
   Die meisten werden täglich mit einer Masse an Daten konfrontiert, z. B. im E-Mail-Postfach, in den sozialen Netzwerken und PopUp-Nachrichten. Hier gilt es Methoden und Techniken zu entwickeln, um Wichtiges und Dringliches herauszufiltern und zu priorisieren.

10. **Virtual Collaboration** – Die Fähigkeit, in virtuellen Teams produktiv zu arbeiten und die Aufgaben gemeinsam voranzutreiben.
    Neue Technologien machen es möglich, auch virtuell (d.h. nicht präsent nebeneinandersitzend) Aufgaben gemeinsam zu erledigen. Dennoch erfordert dies wie auch in der präsenten Teamarbeit eine hohe soziale Kompetenz. Darüber hinaus bedarf virtuelle Teamarbeit eine höhere Form des eigenen Engagements und die Einbindung aller Teammitglieder.

(Vgl. Davies, Fidler, Gorbis: Future Work Skills 2020.)

Alle zehn „Zukunftskompetenzen“ bedürfen Lebenslanges Lernen, Kreativität sowie soziale und emotionale Kompetenzen. Darüber hinaus nimmt die Bedeutung von fachlichen IT-Fähigkeiten wie auch digitalen Fähigkeiten zu.

2. Problemlöse-kompetenz

2.1 Was sind komplexe Probleme?

Neue komplexe Probleme, die aus den Veränderungen in der neuen Arbeitswelt und deren Einflüssen entstehen, können mit alten Methoden manchmal nicht mehr gelöst werden.

Während in der Vergangenheit in vielen Berufen das Fachwissen für das Durchführen von einzelnen Arbeitsvorgängen ausreichte, bedarf es nun eines „Mitdenkens" aller Mitarbeiter. Routineaufgaben werden nun von Robotern und Maschinen übernommen, tiefergehende Denkleistungen zum Lösen von Problemen werden von Menschen durchgeführt. (S. Future Work Skills: Sense Making.)

Komplexe Probleme entstehen häufig nicht in einer einzelnen Tätigkeit. Die Ursachen sind meist vielschichtig und können aus anderen Bereichen entstehen. Dies bedeutet nicht, dass Fachwissen in Zukunft irrelevant ist. Es bildet weiterhin die Grundlage für kompetentes Arbeiten. Zusätzlich kommt es auf weitere Aspekte an:

- Fachkenntnisse entwickeln sich durch das Verständnis von Hintergründen und nicht nur durch Auswendiglernen von Fakten, Formeln und Abläufen.
- Fachwissen aus Fachbereichen und Abteilungen, die Schnittstellen zu der eigenen Tätigkeit aufweisen oder beispielsweise in der Produktion vor- beziehungsweise nachgelagert sind, werden immer wichtiger.
- Bekanntes Fachwissen muss auf neue Situationen übertragbar sein.

(Vgl. Frackmann, Tärre: Lernen und Problemlösen in der beruflichen Bildung, 2009, S. 32ff.)

Beispielsweise ist es als Elektroniker für Betriebstechnik wichtig, nicht nur einen Hausanschluss installieren zu können, sondern auch Kenntnisse über Smart Home und Anschlüsse für Elektroautos zu haben. Mit diesem Wissen kann man den Kunden beraten, sein Unternehmen positiv hervorheben und gegebenenfalls auch zusätzliche Dienstleistungen verkaufen, um die sich der Vertrieb und andere Fachabteilungen im Anschluss kümmern.

Komplexe Probleme zeichnen sich dadurch aus, dass die Lösung nicht gleich ersichtlich ist und mit bisherigen Methoden nicht immer zu bewältigen sind.

Wesentliche Begriffe sind in diesem Feld Komplexität, Vernetztheit, Dynamik, Intransparenz und Polytelie.

Komplexität beschreibt die Vielzahl von Einflüssen auf ein Problem, wodurch das Problem nicht auf den ersten Blick lösbar zu sein scheint beziehungsweise sich nicht direkt ein Lösungsweg aufzeigt. Sehr häufig wird versucht, die Komplexität zu minimieren, indem man das Problem auf das Wesentliche reduziert.

Vernetztheit bedeutet, dass es nicht nur eine Vielzahl von Einflüssen gibt, sondern dass diese auch miteinander vernetzt sind und miteinander in Verbindung stehen. Meist können diese Einflüsse nicht einzeln betrachtet werden.

Die **Dynamik** eines komplexen Problems wird sichtbar, wenn verschiedene Veränderungssituationen hinzukommen. Beispielsweise sind Zeitdruck, Zusatzaufgaben oder neue Auflagen zu nennen.

Intransparenz liegt dann vor, wenn nicht alle benötigten Informationen der Problemstellung vorliegen. Meistens ist es erforderlich, weitere Informationen zu sammeln, um einen Ansatzpunkt für die Lösung des Problems zu finden.

Polytelie wird auch als Vielzieligkeit bezeichnet. Komplexe Probleme haben meist nicht nur verschiedene Einflüsse, sondern auch mehrere Ziele und Auftraggeber, die untereinander konkurrieren können.

(Vgl. Funke: Problemlösendes Denken, 2003, S. 125ff.)

Unüberschaubarkeit, unklare und fehlende Informationen, Zusammenhänge zu anderen Problemen und anderen Bereichen, aber auch falsche Kenntnisse sind häufige Begleiter von komplexen Problemen.

Komplizierte Probleme hingegen haben auch eine Vielzahl von Einflüssen und Parametern, allerdings sind diese messbar, beschreibbar und klar zu benennen.

Beispiel für ein komplexes Problem: „Klimawandel“

Der „Klimawandel“ ist ein komplexes Problem. Die *Komplexität* zeichnet sich dadurch aus, dass die Ursachen für den Klimawandel vielschichtig und auch Wissenschaftler sich uneinig über Ursachen und Lösungen sind. Auch sind die Ursachen stark miteinander *vernetzt*. Beispielsweise hat unser Fleischkonsum als Teil des westlichen Lebensstils Einfluss auf Landwirtschaft und Energieverbrauch. Sich auf eine Ursache zu konzentrieren, würde das Problem des Klimawandels nicht einfach lösen.
Die politische Diskussion führt zu einer ganz neuen *Dynamik* des Problems. Schnell wird nun unter Zeitdruck nach Lösungen gesucht, obwohl das Problem schon seit Jahrzehnten bekannt ist.
Zur Lösung des Problems liegen die Ansätze nicht auf der Hand, sie sind *intransparent*. Es bedarf Forschung und auch der Sammlung von Informationen über den Klimawandel, um effektive Lösungen zu finden.
Zudem gibt es eine *Vielzahl von Zielen*, die mit dem Klimawandel einhergehen. Viele Interessensgruppen sind daran interessiert, in der Diskussion die für sich besten Ergebnisse zu erzielen. So ist der Stopp des Klimawandels zwar das übergreifende Ziel, das aber – abhängig von der jeweiligen Interessensgruppe – ohne den Verzicht auf Fleisch, Flugreisen oder das Auto erreicht werden soll.

Komplexe Probleme zeichnen sich durch Komplexität, Vernetztheit, Dynamik, Intransparenz und Polytelie aus und sind daher nicht immer einfach zu lösen.

2.2 Komplexe Probleme lösen

Zur Lösung komplexer Probleme bedarf es daher neuer Vorgehens- und Denkweisen.

Beispiel: „9 Punkte“

Verbinden Sie diese neun Punkte mit vier geraden Strichen, ohne dabei den Stift abzusetzen:

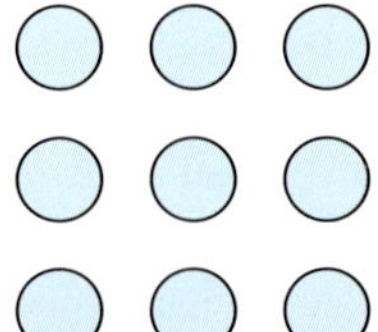

9 Punkte grafisch darstellen

Zur Lösung dieses Beispiels ist es wichtig, in Betracht zu ziehen, dass diese Striche sich auch außerhalb des Quadrats der Punkte befinden können.

Diese Vorgehensweise bedeutet übertragen auf ein Beispiel im Bereich der Elektrotechnik:

Eine Reihe von Schaltungen (Reihen- und Parallelschaltung, Stern- und Dreieckschaltung, Brückenschaltung, T-Schaltung, Pi-Schaltung etc.) weisen eine festgelegte Struktur auf.

Zur Lösung von Problemen vor Ort wird manchmal eine Ersatzschaltung (z. B. Wheatstone-Brücke) benötigt, oder es werden Umwandlungen zwischen den Schaltungen vorgenommen (z. B. Stern-Dreieck-Umwandlung). Das bedeutet, dass eine gegebene Schaltung in eine vorgegebene andere verändert werden muss.

Vom Elektroniker erfordert dies eine neue Herangehensweise, die von verschiedenen Gegebenheiten abhängig ist.

Ein paar Regeln können hilfreich sein, solche vielschichtigen Probleme zu lösen. Zwar können diese nicht auf alle komplexen Probleme angewandt werden, dienen aber als eine Art Hilfestellung und Vorgehensweise:

- **Problem in einfacher Sprache formulieren.**
  Es kann hilfreich sein, das Problem in kurzen Sätzen zu erklären oder zu skizzieren, da dann die Ursachen deutlicher werden. Manchmal kann es auch helfen, das Problem in Alltagssprache zu formulieren, da Substantive und Fachbegriffe häufig nicht zur Lösung, sondern eher zu mehr Verwirrung und Komplexität führen.

- **Überblick verschaffen.**
  Gibt es Hintergründe, eine Vorgeschichte? Was ist zu erkennen? Wo gibt es noch mehr Informationen?

- **In Schriftzeichen, Symbole, Bilder und Skizzen übertragen.**
  Das Aufschreiben des Problems in eigenen Worten, die Anfertigung einer Skizze oder das Heraussuchen von Beispielbildern unterstützt dabei, eine bessere (visuelle) Vorstellung von dem Problem zu erhalten.

  Beispiel: „Skizze anfertigen“

  Die Vorderseite einer Lagerhalle bildet ein rechtwinkliges Dreieck mit einer Horizontalen von 6 m und einer Vertikalen von 8 m. Es soll ein größtmögliches rechteckiges Rolltor eingebaut werden. Welche Abmessung hat das Rolltor?

Zur Lösung dieser Problemstellung reicht es nicht aus, einen Text zu schreiben. Zur Problemlösung ist es hilfreich, eine Skizze anzufertigen.

- **Fragen stellen.**
  Stellen Sie konkrete Fragen, um der Lösung näher zu kommen. (Was genau? Wie genau? Warum?)

- **Rückwärts arbeiten.**
  Häufig wird vom Problem zum Ziel gedacht. Hilfreich kann es aber sein, rückwärts zu denken oder vorwärts-rückwärts zu kombinieren.

  Beispiel: „Sechs-Liter-Aufgabe"
  Es stehen ein 4-Liter-Eimer und ein 9-Liter-Eimer zur Verfügung. Wie können Sie 6 Liter damit exakt abmessen?

  Zur Lösung der Aufgabe starten Sie mit Rückwärtsarbeiten, d. h. Sie stellen sich den Zielzustand (6 Liter im Eimer) vor und überlegen, wie die beiden Eimer beim vorletzten Schritt gefüllt sein müssten, um beim letzten Umschütten 6 Liter im 9-Liter-Eimer zu erhalten.

  Das bedeutet: Der 9-Liter-Eimer müsste voll sein und 1 Liter müsste sich im 4-Liter-Eimer befinden.

  Nun müssen Sie durch Vorwärtsarbeiten herausfinden, wie Sie zu diesem einen Liter kommen.

  Abschließend müssen Sie nur noch die Erkenntnisse aus dem Vorwärts- und Rückwärtsarbeiten in die richtige Reihenfolge bringen.

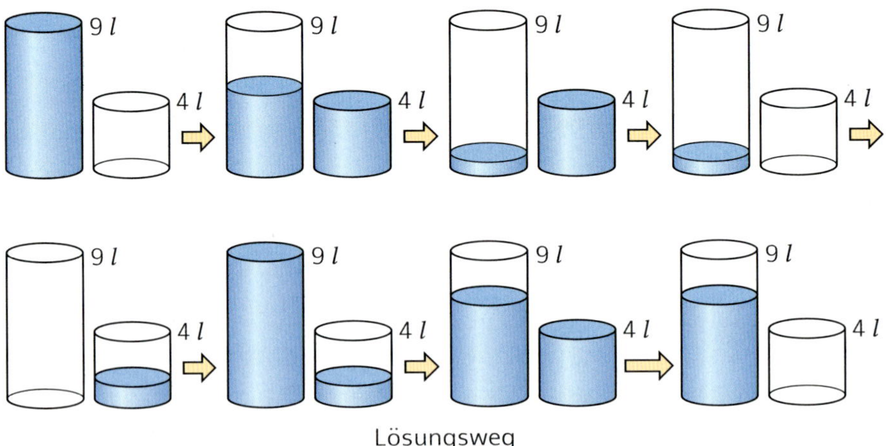

Lösungsweg "Sechs-Liter-Aufgabe"

2.3 Problemlösekompetenz und Computational Thinking

Eine Studie der Uni Heidelberg (Abele et. al., 2012) zeigte, dass Intelligenz und technisches Fachwissen nicht zwingend notwendig für die Problemlösekompetenz sind. Ebenso wie die Problemlösekompetenz keine Voraussetzung für Intelligenz und technisches Fachwissen ist.

Wichtig zu erwähnen ist im Zusammenhang mit der Problemlösekompetenz, dass auch das Selbstbewusstsein sowie das Selbstmanagement einer Person einen Anteil an der Problemlösung haben. (S. Selbstmanagement und -motivation)

Im Rahmen der Arbeitswelt 4.0 fällt bei dem Thema Problemlösekompetenz auch der Begriff „Computational Thinking“, informatisches Denken. (S. Future Work Skills: Computational Thinking.) Dies ist die Fähigkeit, aus großen Datenmengen klare Vorgehensweisen zu formulieren. Ein Teilbereich von Computational Thinking ist das Verständnis über die Unterscheidung von aufeinanderfolgenden und parallelen Prozessen.

Beispielsweise finden beim Kochen von „Spaghetti Bolognese“ meist parallele Prozesse statt. Während das Nudelwasser kocht, wird die Pfanne bereits erhitzt und eine Zwiebel für die Nudelsoße geschnitten. Nicht besonders hilfreich ist beispielsweise, die Nudeln zuerst zu kochen und im Anschluss mit der Soße zu beginnen.

Bei Computational Thinking geht es nicht nur um das Programmieren, sondern eher darum, Probleme und deren Lösung so aufzubereiten, dass sie von Mensch und Maschine übernommen werden können. Diese Lösungen werden auch als Algorithmen bezeichnet.

Beim Computational Thinking wird nach einem dreistufigen Prozess vorgegangen:

1. **Formulierung des Problems**
   Dazu wird das Problem ausformuliert und optimalerweise mit einer konkreten Fragestellung verbunden.

2. **Darstellung einer Lösung**
   Diese Darstellung kann sehr unterschiedlich sein, beispielsweise durch Text, Bild, Grafik, Code oder einer Anleitung.

3. **Durchführung und Überprüfung der Lösung**
   Die Lösung wird überprüft und ggf. verbessert.

Prozess des Computational Thinkings

Übertragen auf das Beispiel des Kochens von „Spaghetti Bolognese" wäre die Vorgehensweise wie folgt:

1. Die Formulierung der Problemfragestellung:
   Was ist wann und in welcher Reihenfolge zu tun?
   Daraus entsteht die Erkenntnis, dass die Nudeln zum Schluss gekocht werden, um die richtige Konsistenz und Wärme zu gewährleisten.
2. Das Schreiben eines Rezeptes wäre die Darstellung der Lösung.
3. Überprüft wird die Lösung durch das Essen des Gerichtes.

Computational Thinking beim Kochen von Spaghetti Bolgnese

Wie an dem Beispiel zu sehen ist, muss dieses „Denken" nicht zwingend mithilfe eines Computers erfolgen. „Computational Thinking" ist es dennoch, da Lösungen immer häufiger so aufbereitet werden, dass sie sowohl vom Menschen aber immer mehr auch von Maschinen durchgeführt werden können. Beim Beispiel der modernen Küchenmaschinen wird mit den getesteten und programmierten Rezepten die eigene Kochkompetenz überflüssig und bis auf wenige Schritte das Kochen von der Maschine übernommen.

Das Ideenfinden ist weiterhin Aufgabe des Menschen, die Umsetzung und gegebenenfalls die Berechnung von größeren Datenmengen wird mithilfe der Maschine möglich.

Fälschlicherweise wird „Computational Thinking" mit Programmieren gleichgesetzt. Fähigkeiten im Bereich Programmieren sind für „Computational Thinking" hilfreich. „Computational Thinking" ist jedoch viel umfassender, denn es betrachtet das Problem zunächst nach der oben genannten Vorgehensweise und das Programmieren durch den Computer kann eine mögliche Darstellungform sein. Beispielsweise macht das korrekte Befolgen der Instruktionen mit der oben genannten Küchenmaschine nicht jemanden zwingend zum Koch.

Diese Problemlösefähigkeit kann mithilfe von zahlreichen kostenlosen Programmen z. B. von Google für verschiedene Alter und Berufsgruppen trainiert werden. Ein Beispiel, wie diese Problemlösefähigkeit trainiert wird, ist das Programmieren eines Musikstückes auf dem Klavier. Bei diesem Musikstück werden mehrere Tasten des virtuellen Klaviers parallel betätigt. Bei der Programmierung der Melodie muss dies beachtet und durchgesetzt werden. Durch das Testen des Codes kann bestätigt werden, ob diese Vorgänge (Betätigen der Klaviertasten) parallel und hintereinander richtig programmiert wurden.

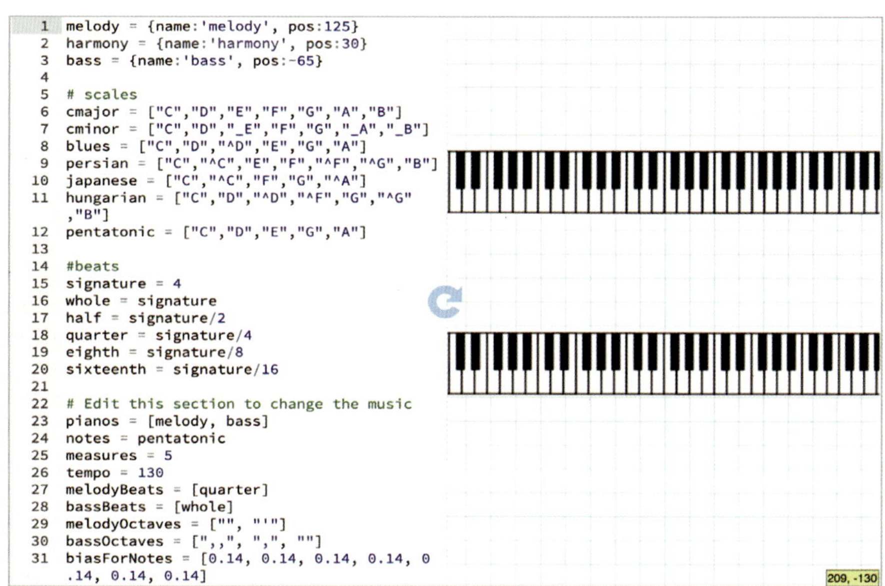

Computational Thinking – Musikstück

Bei diesem Programmierbeispiel zeichnet eine Schildkröte eine geometrische Figur. Beispielsweise das „Haus vom Nikolaus". Dabei dient die Schildkröte als Cursor und Stift.

Je nach Vorgabe muss Farbe, Richtung mit Gradzahl sowie die Länge des Striches als Code eingegeben werden. Durch Testen des Codes wird schnell offensichtlich, wo Denkfehler liegen: Die Schildkröte zeichnet gegebenenfalls etwas anderes.

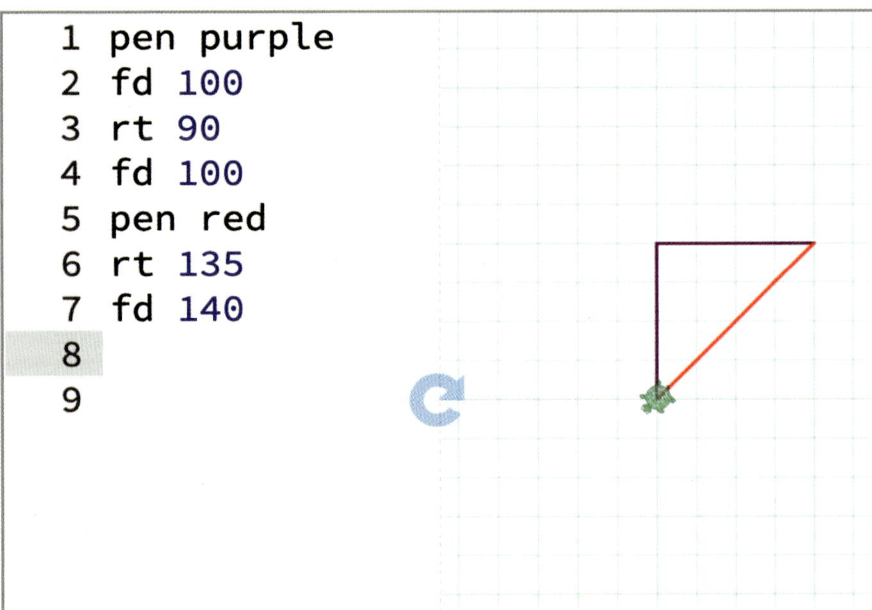

Computational Thinking – „Schildkrötengeometrie"

> Computational Thinking ist die Fähigkeit, aus großen Datenmengen klare Vorgehensweisen zu formulieren, die von Mensch und Maschine im Anschluss umgesetzt werden können.

2.4 Zielorientierung

Zielorientierung wird den persönlichen Kompetenzen zugeordnet. Ziele sind im Gegensatz zu Vorsätzen konkret messbare Vorstellungen, die in der Zukunft umgesetzt werden. Zielorientierung bedeutet dementsprechend, Ziele selbst setzen zu können und diese auch zu erreichen.

Vorsätze werden meist nicht erreicht, da sie zu unkonkret sind. Mehr Sport zu machen, mehr für die Prüfung zu lernen und weniger zu rauchen sind Beispiele für solche Vorsätze.

Sie sind zu unkonkret beziehungsweise mental erledigt, wenn die Person einmal beim Sport war, eine Stunde für die Prüfung gelernt hat oder eine Zigarette weniger geraucht hat. (Vgl. Becker et. al.: Praxishandbuch berufliche Schlüsselkompetenzen, 2018, S. 45ff.)

Um sich konkrete Ziele zu setzen, gibt es verschiedene Formeln und Kriterien, die die Erfolgswahrscheinlichkeit erhöhen.

Besonders bekannt ist die Formel der SMARTen Ziele nach Doran (1981):

S	pezifisch Ein Ziel muss konkret sein.
M	essbar Es muss Erfolg oder Misserfolg konkret messbar sein.
A	ttraktiv Grundvoraussetzung ist, dass die Person das Ziel überhaupt erreichen will und das Ziel das Richtige ist.
R	ealistisch Bei diesem Kriterium ist wichtig, dass es realisierbar ist in Bezug auf körperliche, geistige und zeitliche Aspekte.
T	erminiert Die zeitliche Komponente spielt eine wichtige Rolle. Es muss einen Endzeitpunkt geben, an dem der Erfolg messbar ist.

SMARTe Ziele

Als Beispiel dient die Abschlussprüfung für die Berufsausbildung. Ein Ziel, das nach den Kriterien formuliert wird, könnte wie folgt lauten:

„Meine Abschlussprüfung in zwei Monaten am 12.06. absolviere ich mit einer Note von besser als 2. Um dies zu erreichen, lerne ich jeden Tag nach der Arbeit 30 Minuten nur für die Abschlussprüfung; am Wochenende lerne ich eine Stunde am Samstag und eine Stunde am Sonntag."

Das Ziel ist *spezifisch*, da es konkret aufzählt, wie viel und wann gelernt wird. Um es noch spezifischer zu machen, bietet es sich an, Themen pro Woche beziehungsweise konkrete Wochenziele zu definieren. Es ist *messbar*, da die Note und die Anzahl der eingesetzten Stunden den Erfolg definieren.

Über die *Attraktivität* des Ziels lässt sich streiten, jedoch ist jedem Auszubildenden sehr wahrscheinlich an einem guten Abschluss gelegen. Um dort anzusetzen, kann es hilfreich sein, sich für das Ziel Belohnungen zu setzen: Garantierte Übernahme, Geldbetrag der Eltern, Geschenk an sich selbst.

Realistisch ist dies, da dieses Lernpensum in zwei Monaten die Chancen auf eine gute Note erhöhen und zeitgleich das tägliche beziehungsweise wöchentliche Pensum mit der Freizeit vereinbar ist. *Terminiert* ist das Ziel, da es ein Enddatum gibt. Zusätzlich möglich wäre, sich Daten zu setzen, an dem ein bestimmtes Lernpensum erreicht sein muss.

Gail Matthews ging diesem Sachverhalt in einer Studie der Dominican University of California nach. Sie untersuchte 267 Menschen im Alter von 23 bis 72 Jahren mit den unterschiedlichsten Hintergründen. Nach dem Zufallsprinzip teilte sie die Teilnehmer in verschiedene Gruppen auf, die ihre Ziele entweder visualisierten, kommunizierten, aufschrieben oder gar nichts taten. Matthews stellte eindeutig fest, dass Menschen, die ihre Ziele klar formulieren und aufschreiben, ihre Ziele eher erreichen als Menschen, die dies nicht tun.

Darüber hinaus unterstützt eine klare Zielorientierung bei der Fähigkeit, Entscheidungen zu treffen. Einzelne Situationen werden mit dem übergeordneten Ziel abgeglichen und Entscheidungen können somit einfacher gefällt werden, Ablenkungen vom zu erreichenden Ziel sind seltener zu beobachten.

Zielorientierte Menschen wissen ganz genau, wie sie ihre Ziele erreichen und stellen dafür sicher, dass

- sie ausreichend Zeit einplanen
- den Fokus beibehalten
- Ablenkungen verbannen
- ihren Zwischenerfolg immer wieder überprüfen und gegebenenfalls nachjustieren
- Belohnungen für Erfolg oder Konsequenz für Misserfolg einplanen.

In einer Arbeitswelt 4.0, die eine Vielzahl von Ablenkungen durch verschiedene Aufgaben, Kommunikationsmedien sowie räumliche Herausforderungen (zu Hause, Großraumbüro) für Menschen bereithält, wird die Zielorientierung immer schwieriger, zeitgleich jedoch auch immer wichtiger.

Zielorientierung bedeutet, Ziele selbst zu setzen und diese auch erreichen zu können.

2.5 Kreativität

Bei dem Begriff „Kreativität“ wird sehr schnell an Künstler, Designer oder durchgeknallte Erfinder gedacht.

Abstammend von dem lateinischen Begriff „creare“ bedeutet es so viel wie „erschaffen“. (Vgl. Becker et. al.: Praxishandbuch berufliche Schlüsselkompetenzen, 2018, S. 81.)

Kreativität ist nicht nur auf das Schaffen von Kunst, Design und Architektur bezogen, sondern findet auch seinen Platz beim Lösen von Problemen und der Entwicklung neuer Produkte. Auf den ersten Blick scheint es so, als sei dies ein angeborenes Talent – jemand hat es oder eben nicht. Kreativität als Fähigkeit bedeutet, Veränderungen herbeizuführen, Probleme zu lösen, alte Vorgehensweisen mit neuen Methoden zu verbinden und schlussendlich Ideen zu generieren. Hilfreich dafür sind Fähigkeiten wie das Erkennen von notwendigen Veränderungen, die Offenheit für Neues, die Neugierde, Dinge besser zu verstehen, Probleme als Herausforderung und Chance zu erkennen, andere Menschen als Nährboden für neue Ideen sehen und das Teilen von Ideen mit anderen. (S. Future Work Skills: Novel and Adaptive Thinking)

Kreativität ist somit trainierbar und eine Voraussetzung für Innovationen in Unternehmen.

Um auf neue Ideen zu kommen und Kreativität zuzulassen, bedarf es einiger Grundregeln:

1. Jeder Teilnehmende ist gleich wichtig. Beiträge und Meinungen sind gleichwertig.
2. Die kreative Phase wird deutlich von der Phase der Bewertung der Ergebnisse getrennt, d.h. Ideen werden erst einmal weitergesponnen und nicht sofort nach Umsetzbarkeit weiterverfolgt oder gar aussortiert.
3. Positives Denken ist die Voraussetzung. Ideen der anderen werden positiv weitergesponnen.
4. Beiträge sind kurz, prägnant, sachlich und auf den Punkt gebracht.
5. Zeichnen, skizzieren, visualisieren – alles ist erlaubt.
6. Es braucht soviel Zeit, wie für die Methode notwendig ist oder vom Moderator vorgegeben wurde.

(Vgl. Becker et. al.: Praxishandbuch berufliche Schlüsselkompetenzen, 2018, S. 81ff.)

Um kreative Ideen zu entwickeln, haben sich beispielsweise die folgenden Kreativitätstechniken bewährt:

■ Brainstorming

Als eine der ältesten und bekanntesten Kreativitätstechniken hat sich Brainstorming durchgesetzt. Grund dafür ist, dass es einfach umsetzbar ist und in kurzer Zeit Ideen gewonnen werden können.

Vorgehensweise:

Das Ziel beziehungsweise die Aufgabe wird klar umrissen. Dann werden von allen Gruppenteilnehmern Ideen geäußert und gegebenenfalls weitergesponnen. Diese werden aufgeschrieben, ohne dass sie bewertet oder aussortiert werden. Im Anschluss werden die Ideen bewertet und die Besten weiterverfolgt und ausgearbeitet.

Ein Brainstorming kann per Zuruf an Flipchart, Pinnwand oder Whiteboard geschrieben oder zum Beispiel auch per Kartenabfrage einzeln oder im Team durchgeführt werden. Es kann auch mit der MindMapping-Methode kombiniert werden. Dabei werden Ideen zu einer Karte (S. Abbildung) weitergesponnen.

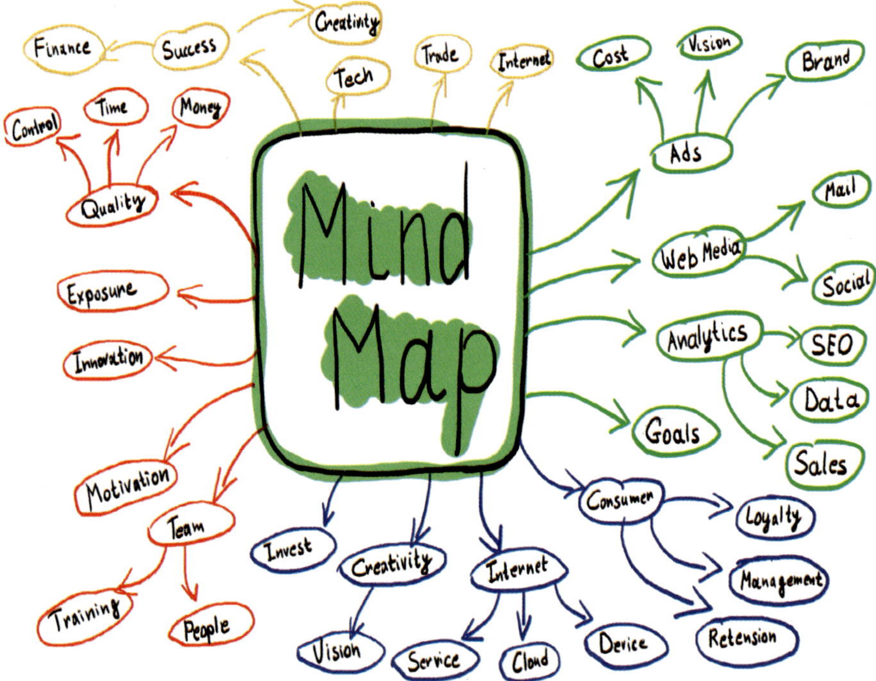

MindMap

6-3-5 Methode

Diese Methode zeichnet sich dadurch aus, dass in kurzer Zeit viele Ideen entstehen. Sie eignet sich für leichte bis mittel komplexe Probleme.

Die Bezeichnung der 6-3-5 Methode ergibt sich aus 6 Teilnehmern, die jeweils 3 Ideen produzieren und dann 5x Ideen weiterentwickeln.

Vorgehensweise:

1. Jeder Teilnehmer erhält ein Blatt Papier mit drei gleich großen Spalten. Auf dieses Blatt werden drei Ideen zur Fragestellung nebeneinander aufgeschrieben.
2. Im Uhrzeigersinn wird das Blatt zum nächsten Teilnehmer weitergereicht. Dieser ergänzt darunter drei neue Ideen beziehungsweise Ergänzungen zu den bestehenden drei Ideen.
3. Daraufhin wird das Blatt immer eine Position weitergegeben, bis alle Teilnehmer das Blatt hatten und ihre Ideen jeweils ergänzen konnten.
4. Im letzten Schritt werden die Ideen besprochen, bewertet und konkretisiert.

Kopfstandmethode

Die Kopfstandmethode ist eine bekannte und auch humorvolle Kreativitätstechnik, die zunächst die Herausforderung ins Gegenteil umkehrt.

1. Die Frage lautet nicht: „Was müssen wir tun, um das Problem zu lösen?“, sondern „Was müssten wir tun, damit diese Herausforderung scheitert?“. Diese Frage wird konkret und sichtbar aufgeschrieben.
2. Zu dieser Frage werden nun Ideen gesammelt und in Oberthemen sortiert (clustern).
3. Die Ideen werden nun umgekehrt und ins Positive formuliert.
4. Daraus leiten sich dann konkrete Maßnahmen ab.

Beispiel: Autowerkstatt

„Was können wir tun, um unsere Kunden zu begeistern?“
Neue Fragestellung: Was können wir tun, um alle Kunden endgültig zu verlieren?

Mögliche Antworten:

- Wir begrüßen unsere Kunden mit „Achtung Stillgestanden!“.
- Wir bauen extra Fehler beziehungsweise Beulen ein.
- Wir gehen nicht ans Telefon und in der Werkstatt ist auch niemand.
- Es riecht bei uns unangenehm nach faulen Eiern.
- Wir essen vorher immer eine rohe Zwiebel.

Kopfstandmethode

Daraus werden erste Ideen entwickelt wie z.B.: Wir begrüßen unsere Kunden und bieten ihnen einen Kaffee an. Wir sorgen dafür, dass das Telefon immer besetzt ist und dieser Mitarbeiter auch zum Thema Kundenfreundlichkeit geschult ist. Auch wenn wir „dreckige Arbeit" verrichten, achten wir auf unser Äußeres und unsere Wirkung nach außen.

Morphologischer Kasten

Diese Kreativitätstechnik wurde vom Schweizer Astrophysiker Fritz Zwicky erfunden und wird häufig im technischen Umfeld eingesetzt. Das komplexe Problem wird dabei in Einzelteile zerlegt und in einem Kasten beziehungsweise einer Matrix dargestellt.

Zu dem Problem werden verschiedene Parameter aufgeführt und damit übersichtlich dargestellt.

Beispiel: Entwicklung einer neuen Chips-Sorte

Entwicklung einer neuen Chips-Sorte

Parameter	Ausprägungen		
Grundlage	Kartoffel	Rote Beete	Pastinake
Struktur	glatt	geriffelt	dünn
Geschmack	scharf	salzig	süß
Form	oval	dreieckig	viereckig
Verpackungsfarbe	transparent	zweifarbig	dreifarbig
Verpackungsform	Plastiktüte	Papier	Eimer

Darstellung von Parametern und Ausprägungen

Weitere Parameter und Ausprägungen sind möglich. Für den Überblick ist es hilfreich, sich auf 5 bis 7 Parameter beziehungsweise Ausprägungen zu beschränken.

Nun kann neu und wild kombiniert werden. Damit entsteht ein neues Produkt.

Progressive Abstraktion

Zu einem Thema beziehungsweise Problem wird die Frage „Worum geht es eigentlich?" gestellt. Damit wird das Thema beziehungsweise Bedürfnis hinter dem Problem genauer betrachtet und dafür Lösungen gesucht.

Beispiel: Problem „Zu viele Autos in den Großstädten"

Stau in Großstädten

1. Beschreibung des Problems
   Es kommt zu Staus in den Großstädten in der Rushhour, an Samstagen und bei Großveranstaltungen.

2. Thema hinter dem Problem: Worauf kommt es eigentlich an?
   Warum nutzen Leute das Auto?
   Das Auto ist ein Transportmittel für den Arbeitsweg und für notwendige Besorgungen. Die Menschen sind unabhängiger und freier als mit den öffentlichen Verkehrsmitteln. Menschen wollen mobil und zeitlich flexibel sein, was die Nutzung ihres Autos als auch das Erledigen von Besorgungen angeht.

3. Suche nach Lösungen: Wie kann das erreicht werden?
   Angebot von Carsharing für kurze oder auch längere Fahrten, App für Fahrgemeinschaften, Fahrservice, Online-Einkaufen von Lebensmitteln, Möbeln und anderen Produkten, Concierge-Service für Besorgungen, engere Taktung und Anbindung des Nahverkehrs.

Die Frage lautet daher nicht: Wie schaffen wir Autos aus der Stadt?

Sondern: Wie befriedigen wir das Gefühl der Freiheit und das Bedürfnis nach Komfort der Bürger?

Walt Disney-Methode

Diese Methode geht auf Robert Dilts zurück, der Walt Disney drei verschiedene Rollen bei der Kreation der verschiedenen Figuren in den Walt Disney-Filmen zuschrieb: Den Träumer, den Realisten, den Kritiker.

Bei der Walt Disney-Methode gibt es noch eine weitere Position und demnach vier Rollen:

1. Träumer (Visionär, Ideenlieferer)
2. Realist (Macher, Umsetzer)
3. Kritiker (Qualitätsbeauftragter, kritischer Fragensteller)
4. Neutraler (Beobachter, Berater von außen)

In der Umsetzung werden vier Stühle aufgestellt. Derjenige, der auf dem Stuhl (z. B. der Kritiker-Stuhl) sitzt, nimmt die dazugehörige Rolle ein, um die Idee aus dieser Perspektive zu betrachten und entsprechend zu argumentieren. So werden zu einem Thema unterschiedliche Sichtweisen eingenommen und durch diese unterschiedlichen Argumentationen Lösungen entwickelt.

In Form von Barcamps, Zukunftswerkstätten und Open Space Events können viele Teilnehmer eingebunden und zu verschiedenen Themen Ideen entwickelt werden.

Kreativität als Fähigkeit bedeutet, Möglichkeiten und Chancen wahrzunehmen, Probleme zu lösen und Bewährtes mit Neuem zu verbinden, um Ideen zu entwickeln

Design Mindset

Unter dem Stichwort „Design Mindset" (S. Future Work Skills: Design Mindset) geht es in der Arbeitswelt 4.0 insbesondere darum, sich nicht nur Ziele zu setzen, sondern auch die Methode, Umgebung und Vorgehensweise zum Erreichen des jeweiligen Ziels auswählen zu können und je nach Aufgabe anzupassen.

So kann es für die Erarbeitung von kreativen Ideen hilfreich sein, Methoden wie Brainstorming in einer Gruppensituation in einem bunten Raum abseits von Besprechungsräumen und Werkstatt durchzuführen.

Hingegen wird es sinnvoller sein, Strategien und Vorgehensweisen (Anleitung, Rezept) in einem geschlossenen Raum ohne Ablenkung konzentriert zu dokumentieren.

Beispiel: „Gewinnen von neuen Azubis"

Verschiedene Auszubildende unterschiedlicher Fachrichtungen, die Ausbildungsleitung und Personen aus dem Marketing haben vor, die Ansprache von Schülern neu zu überdenken und mehr auf diese Zielgruppe anzupassen. Die Auszubildenden sollen dazu Ideen entwickeln. Auch hier liegt wieder ein komplexes Problem vor, welches nicht durch eine Aktion sofort lösbar ist.

Zur Lösung ist es wichtig, das Problem in diesem Fall klar mit der Ausbildungsleitung als Auftraggeber zu definieren. Für die Lösung des Problems wäre es hilfreich, einen kreativen Raum zu buchen, alle Beteiligten, die etwas zum Thema sagen können, einzuladen und zunächst abseits von Rationalität über Lösungen nachzudenken.

Weniger hilfreich wäre es in dieser Situation, Ideen kurz per E-Mail auszutauschen und sich dann schnell für eine zu entscheiden.

3. Veränderungs- und Lernkompetenz

Die Einflüsse auf die Arbeitswelt 4.0 bringen eine Vielzahl von Veränderungen für Mitarbeiter, Gesellschaft und Unternehmen mit sich. Es liegt daher auf der Hand, dass Mitarbeiter mit Veränderungen umgehen können und sich ständig weiterentwickeln müssen.

3.1 Veränderungs- und Innovationsfähigkeit

Begrifflich wird zwischen Wachstum und Innovation unterschieden. Wachstum bedeutet die Weiterentwicklung eines Produktes oder Geschäftsbereiches; Innovation bedeutet, aus etwas Bestehendem etwas Neues zu kreieren.

Ein bekanntes Beispiel ist das Zitat von Henry Ford, der zu der Entwicklung des Autos Folgendes sagte: „*Wenn ich die Menschen gefragt hätte, was sie wollen, hätten sie gesagt schnellere Pferde.*“ Die Innovation lag darin, das tieferliegende Bedürfnis des Kunden zu ergründen, sich schneller fortbewegen zu können.

Fakt ist, es können Voraussagen gemacht werden, wie sich Produkte, Unternehmen und Gesellschaften entwickeln, aber sicher sind sie nicht. Diese Voraussagen beruhen meist auf unseren bisherigen Erfahrungen und es wird angenommen, dass Entwicklungen linear verlaufen. Jedoch sind Entwicklungen nicht planbar und auf eine Ursache zurückzuführen.

Disruption ist hier der Schlüsselbegriff unserer Zeit: Bestehendes wird durch eine Innovation abgelöst, sodass es nicht zur Weiterentwicklung, sondern zum Teil sogar zur kompletten Umänderung eines Modells oder Systems kommt. Sogar komplette Industrien werden „zerschlagen“ und auf den Kopf gestellt.

Beispiel: Videothek

Noch vor wenigen Jahren wäre prognostiziert worden, dass dieser Boom weiter zunehmen und die Nachfrage steigen würde. Dass diese Industrie innerhalb kurzer Zeit aussterben würde, war undenkbar. Neue Streamingdienste ersparen jedoch den Gang zur Videothek. Netflix und Co. sind nun aus dem Alltag nicht mehr wegzudenken und der Absatz von DVDs und entsprechenden Abspielgeräten sank rapide – und das alles innerhalb einer Zeitspanne von wenigen Jahren.

Ähnlich ergeht es dem Smartphone: Er ist unser täglicher Begleiter im Alltag, wird aber durch neue Technologien, z. B. kleinere tragbare Geräte oder Implantationen, ersetzt werden können.

Eine unbeständige Zukunft mit vielen komplexen Problemen bildet die erste Grundlage für jegliche Innovation. Hier richtige Entscheidungen auf der Grundlage von Erfahrungen zu treffen, ist nahezu unmöglich. Es ist eher ein Trugschluss, komplexe Probleme zu verneinen und Einfachheit zu unterstellen oder so zu tun, als seien sie gar nicht vorhanden.

Komplexe Probleme anzuerkennen und sich der Herausforderung offen zu stellen, ist die zweite Grundlage für Innovation. Gleichzeitig bedeutet es nicht, alles Bewährte aufzugeben. Es geht vielmehr darum, bewährte Muster zu durchbrechen und neue Sichtweisen zuzulassen, die für bestimmte Situationen sinnvoller sind. (S. Future Work Skills: Transdisciplinarity.)
Als Bild kann hier die Sonnenbrille dienen: Diese ist bei starkem Sonnenschein sehr funktional, bei Regenwetter jedoch nicht hilfreich.

Bei einigen Technologien wie z. B. der Einführung von E-Mails oder des Smartphones wird manchmal in Frage gestellt, ob sich der Fortschritt überhaupt für den Menschen lohnt. Ein schnelleres Versenden von Nachrichten hat zu einer Nachrichtenflut geführt, die kaum zu bewältigen ist.

Solche Entwicklungen voraussehen zu können wäre hilfreich, ist aufgrund der Komplexität aber sehr schwierig. Allen Schwierigkeiten zum Trotz lösen Innovationen Probleme und sichern das Überleben von Unternehmen, Gesellschaft und Einzelpersonen. Als Beispiel dient die Innovation „erneuerbare Energien“ als Alternative zur Kohle- und Atomenergie. Sie sichert das Überleben auf lange Sicht. (Vgl. Burkhardt: Denkfehler Innovation, 2017, S. 83ff.)

Sich der Herausforderung von komplexen Problemen zu stellen, ist die Grundlage für Innovation.

3.2 Innovation durch Design Thinking

Fälschlicherweise wird Design Thinking – ursprünglich in Standford entwickelt – als neue Kreativitätstechnik oder Methode zur Entwicklung von Innovationen gehandelt. In den letzten Jahren hat sich dieser Ideenentwicklungsprozess bei Unternehmen durchgesetzt, die nach neuen Ideen und Innovationen suchen. Es ist laut den Anwendern jedoch keine Methode, sondern eher eine Haltung dazu, wie Probleme angegangen werden.

Mitarbeiter und Personen unterschiedlicher Hintergründe, Ausbildungen und Disziplinen entwickeln neue Produkte, Geschäftsfelder beziehungsweise Lösungen für Kundenprobleme. Die Herangehensweise orientiert sich an der Vorgehensweise von Designern und baut sich folgendermaßen auf

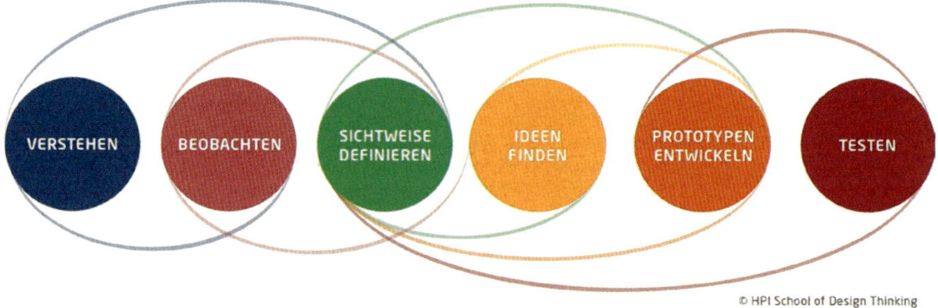

Design Thinking Prozess; Quelle: HPI School of Design Thinking

Das Besondere an dieser Vorgehensweise ist, dass neue Ideen schneller getestet werden können. Im Vergleich zur herkömmlichen Produktentwicklung gibt es meist keine umfangreichen Marktstudien oder Kundenbefragungen. Produkte und Ideen werden auf dem Markt vor Einführung am Kunden direkt getestet und gegebenenfalls wieder verworfen. Meist geschieht das mit weniger Kosten und Aufwand. Google hat dazu eine eigene Version entwickelt, die Google Design Sprints.

Beispiel für das Prinzip: „Kinderzahnbürsten"

Die internationale Design- und Innovationsberatung IDEO wurde beauftragt, eine neue Kinderzahnbürste zu entwickeln. Es wurde üblicherweise angenommen, dass diese kleiner als eine Zahnbürste für Erwachsene sein muss. Bei Beobachtungen von Kindern beim Zähneputzen wurde festgestellt, dass Kinder den Stiel der Zahnbürste mit der ganzen Hand umklammern und das somit der Stiehl nicht kleiner, sondern ebenso lang wie eine Zahnbürste für Erwachsene und zusätzlich etwas dicker sein muss. Kleinere Zahnbürsten erschweren ihnen die Bedienung, da ihre Motorik noch nicht so ausgeprägt ist.

Diese innovative Zahnbürste war 18 Monate lang die meistverkaufte Kinderzahnbürste in den USA. Andere Hersteller zogen nach, sodass sich mittlerweile dickere Stiele bei Kinderzahnbürsten weitgehend durchgesetzt haben.

Design Thinking ist eine Haltung und Vorgehensweise, mit denen Probleme gelöst und Ideen entwickelt werden.

3.3 Was bedeutet das für den Menschen?

Drei Faktoren sind für die Innovationsfähigkeit eines Mitarbeiters wichtig:

Kräftedreieck der Kreativ- und Innovationsfähigkeit (© van Aerssen und Buchholz, 2015, S. 30.)

Wie in der Abbildung zu erkennen, setzt sich die Innovationsfähigkeit aus Wollen (Veränderungsbereitschaft), Können (Veränderungskompetenz) und Dürfen (Veränderungsmöglichkeit) zusammen.

Veränderungsbereitschaft beschreibt die Offenheit, sich auf neue Herausforderungen einzulassen, neugierig und experimentierfreudig zu sein. Neugierde trägt dazu bei, neue Situationen als reizvoll anzusehen und gezielt nach Problemen zu suchen, die sich lösen lassen. Stress durch Veränderung kann durch Optimismus angegangen werden. Hilfreich sind hier auch folgende Fähigkeiten:

- Spontaneität (d. h. nicht zwingend dem Plan folgen)
- Frustrationstoleranz (d. h. bei länger anhaltenden frustrierenden Situationen durchhalten können)
- Ambiguitätstoleranz (d. h. Unsicherheiten und widersprüchliche Informationen annehmen und aushalten können)

- Selbstwirksamkeit
- Risikoaffinität (d. h. Risiken und Gefahren gerne eingehen)
- Leistungsbereitschaft

(Vgl. Baltes, Freyth: Veränderungsintelligenz, 2017, S. 261ff.)

Vielen Menschen fällt es trotzdem schwer, Veränderungen einzugehen. Folgendes Bild nach Covey zeigt, wie sinnvoll es ist, sich auf die Dinge zu konzentrieren, die sich verändern lassen:

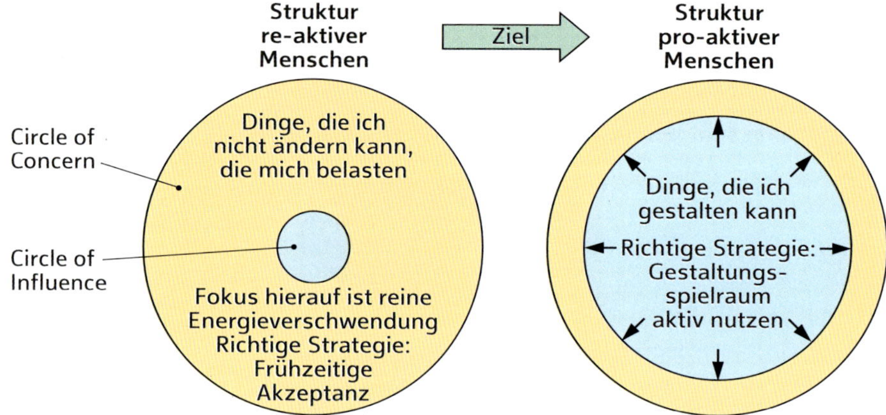

Circle of Influence nach Stephen R. Covey

Proaktive veränderungsbereite Menschen konzentrieren sich auf die Möglichkeiten zur Veränderung, anstatt gegen Dinge anzukämpfen, die sie nicht verändern können.

Veränderungskompetenz beinhaltet die meisten in diesem Buch erwähnten Kompetenzen, die für die Bewältigung und Problemlösung der Veränderungen notwendig sind. Zusätzlich gehören Anpassungsfähigkeit (S. auch Veränderungsbereitschaft) und Reflexionsfähigkeit dazu.

Ein gutes Beispiel nach Covey zur Bedeutung von Reflexionsfähigkeiten ist Folgendes:

Ein Spaziergänger geht durch den Wald und bemerkt zwei Waldarbeiter. Diese versuchen einen Baum mit einer Säge zu fällen. Er beobachtet die Waldarbeiter einige Zeit. Trotz starker Anstrengung kommen die Arbeiter kaum vorwärts. Dem Spaziergänger fällt auf, dass das Sägeblatt stumpf ist. Er fragt daher nun die beiden Waldarbeiter, warum diese nicht eine kurze Pause machen, um die Säge zu schärfen. Irritiert antworten die Waldarbeiter: „Keine Zeit, wir müssen doch sägen."

(Vgl. Baltes, Freyth: Veränderungsintelligenz, 2017, S. 286ff)

Beim Erledigen von Aufgaben ist es wichtig, einen Moment innezuhalten und über den Prozess, den eigenen Zustand als auch über mögliche Optimierungen der aktuellen Vorgehensweise nachzudenken.
Hinzu kommen Fähigkeiten wie Kreativität, Stressmanagement, Resilienz (d.h. psychische Widerstandsfähigkeit) sowie Lernfähigkeit, Problemlösefähigkeit und soziale Kompetenz, die in den anderen Kapiteln genauer beschrieben werden.

Voraussetzungen für die Möglichkeit von *Veränderungen* sind zeitliche Freiräume, Materialien (z.B. Werkzeuge, technische Geräte oder Arbeitsstoffe), Zugang zu Informationen, Räumen und Orten, um Veränderungen zu initiieren beziehungsweise möglich zu machen. Veränderungen gehen oft mit Fehlern einher, es wird daher eine „Fehlerkultur" gelebt, in der es möglich ist, auch Fehler zu machen, ohne dass diese bestraft werden. (Vgl. Becker et al.: Praxishandbuch berufliche Schlüsselkompetenzen, 2018, S. 84ff.)

Beispiel: „Wechsel des Wohnortes für eine neue berufliche Herausforderung"

Veränderungsbereitschaft: Der Mitarbeiter ist offen für einen Umzug und neue Aufgaben, die auf ihn warten. Auch wenn er dafür seinen Heimatort und damit auch sein soziales Netz für einen bestimmten Zeitraum verlässt.

Veränderungskompetenz: Er ist bereit und fähig, Neues zu lernen und auch offen gegenüber Herausforderungen wie Umzug, Aufbau eines neuen Freundeskreises oder neuen Aufgaben im beruflichen Umfeld. Zusätzlich ist er in der Lage, eigenständig den Haushalt zu führen, einzukaufen, Wäsche zu waschen und zu kochen. Seine Kompetenzen sollten zusätzlich auf die gefragten Anforderungen im neuen Job fachlich und persönlich passen.

Veränderungsmöglichkeit: Es gibt für ihn den Arbeitsplatz, die Werkzeuge sowie eine Übergabe und somit die Möglichkeit, eine neue berufliche Herausforderung anzugehen beziehungsweise seine neuen Ideen einzubringen.

Innovationsfähigkeit und Kreativität setzt sich aus Veränderungsbereitschaft, Veränderungskompetenz und Veränderungsmöglichkeit zusammen.

3.4 Selbstmotivation und -management

Selbstmanagement-Kompetenz ist die Bereitschaft und die Fähigkeit, das eigene Leben selbstverantwortlich zu steuern und so zu gestalten, dass Leistungsfähigkeit, Leistungsbereitschaft, Wohlbefinden und Balance gefördert und langfristig erhalten werden. Selbstmanagement ist gelebte Selbstverantwortung.
(Vgl. Graf: Sich selbst wirkungsvoll führen, 2017, S. 69-76.)

Sie ist unterstützend beim Lösen von komplexen Problemen, dem Umgang mit Veränderungen und der Entwicklung von Innovationen.

Leistungsfähigkeit erhalten

Um ständig und auch langfristig im Berufs- und Privatleben leistungsfähig zu sein, bedarf es zum einen fachliche und überfachliche Kompetenzen, die bereits hier in diesem Buch erwähnt wurden. Zum anderen wird Leistungsfähigkeit durch eine hohe Anpassungsfähigkeit an den Arbeitsmarkt erhalten. Anforderungen und Kompetenzprofile sind im Wandel. *Lebenslanges Lernen* ist das Stichwort, unter dem Leistungsfähigkeit auch langfristig erhalten wird. Voraussetzung dafür ist Verantwortung für die eigene *Gesundheit* sowie dafür, die *mentale und körperliche Fitness* auf einem hohen Niveau zu halten.

Beispiel: Das Berufsbild eines Fabrikarbeiters am Fließband wird zunehmend durch Maschinen ersetzt. Hilfreich ist es für diesen Mitarbeiter während oder freiwillig nach der Arbeitszeit beispielsweise, eine Weiterbildung zur Bedienung dieser Maschinen zu machen. Zusätzlich sollte er auf seine körperliche Gesundheit durch ausreichend Schlaf, gesunde Ernährung oder sportliche Aktivitäten achten, um auch in einer neuen Tätigkeit leistungsfähig zu sein.

Leistungsbereitschaft erhalten

Hierbei geht es um den Willen, Leistung zu erbringen. Zum einen bedeutet dies, sich mit dem Arbeitgeber zu *identifizieren*. Zum anderen geht es darum, die *Bereitschaft* zu haben, sich für das Unternehmen beziehungsweise die Institution einzusetzen, ohne sich auf Kosten der eigenen Gesundheit zu überfordern. Leistungsbereitschaft steht also in engem Zusammenhang mit Leistungsfähigkeit.

Nach dem Big Fish Little Pond-Effekt (nach Marsh 1987) steht die Leistungsbereitschaft – auch Selbstmotivation genannt – eng mit einer Leistungsfähigkeit und Erfolg in Verbindung. Demnach gilt: Wenn sich jemand selbst in einer Sache fähig sieht, ist die Chance auf Erfolg höher.

In einem Glas auf dem Tisch (S. linkes Bild) befindet sich ein einzelner Fisch. Dieser kann seine Fähigkeiten nicht mit anderen Fischen vergleichen und glaubt daher an seine Fähigkeiten.

Im rechten Bild schwimmt dieser Fisch im Meer mit anderen Fischen. Hier ist eine Vergleichbarkeit möglich und er wird als einzelner – wenn auch großer Fisch – in einem Meer von anderen Fischen weniger auffallen.

Big Fish Little Pond-Effekt (nach Marsh 1987)

Übertragen auf das Arbeitsleben ist derjenige erfolgreicher, der sich selbst im Vergleich auch für fähiger hält. Umgekehrt: Im Abgleich zu anderen in einer Gruppe kann dies zu mangelndem Glauben an die eigenen Fähigkeiten führen. Darin liegt auch der Grund, dass wenige Mädchen MINT-Berufe (d. h. Berufe aus den Bereichen Mathematik, Informatik, Naturwissenschaft und Technik) ergreifen. Der Glaube an ihre Fähigkeiten z. B. in der Mathematik ist weniger stark ausgeprägt als bei Jungen, obwohl es keine vorhandenen Leistungsunterschiede zwischen den Geschlechtern gibt. (Vgl. Spinath: Was treibt uns zu besseren Leistungen?, 2018, S. 83-104.)

Eine Unternehmenskultur, die an die Fähigkeiten der Mitarbeiter glaubt, hat somit auch ein motivierteres Team an Mitarbeitern. Unterstützend sind hier der Wille, eigene Kompetenzen aufzubauen, es sinnvoll zu erachten, dass Hürden durch Anstrengung überwunden werden können und Erfolge als das Ergebnis ihrer Fähigkeiten anzusehen.

Wohlbefinden stärken

Wohlbefinden entwickelt sich, wenn *positive Gefühle* (bspw. Stolz, Freude, Entspannung) entstehen beziehungsweise gestärkt werden. In Verbindung mit dem *Erleben von Erfolgserlebnissen*, einem *Flow-Gefühl* (d. h. dem Gefühl, ganz in der Tätigkeit aufzugehen), etwas *Sinnvolles* zu tun, dass den eigenen Werten entspricht, sowie gute, starke *Beziehungen zu Menschen* aufzubauen und weiterzuentwickeln.

Balance ermöglichen und schaffen

Ein *Gleichgewicht von Anspannung und Entspannung* für sich zu schaffen, ist sicherlich die größte Herausforderung. Hierbei geht es um das Herstellen des *körperlichen Gleichgewichts*, bspw. das Arbeiten nach dem eigenen Biorhythmus, sowie eines *emotionalen Gleichgewichts* in Form einer inneren Ausgeglichenheit und *geistigem Gleichgewicht*.

Es geht darum, bspw. Dinge loslassen zu können. Förderlich hierfür ist auch das *Gleichgewicht der verschiedenen Lebensbereiche* und das Bewusstsein, Beziehungen als Unterstützung und Ressource zu sehen und zu nutzen. Der Umgang mit stressigen Situationen und Krisen wird auch als Resilienz bezeichnet.

Offensichtlich ist, dass eine Person selbst – ob als Mitarbeiter, Auszubildender, Ausbilder oder Berufsschullehrer – einen großen Beitrag zur Erfüllung dieser Bereiche für ein wirksames Selbstmanagement beisteuern kann.

Folgende Fragestellungen dienen u. a. als hilfreicher Ansatzpunkt, um die eigene Selbstmanagement-Kompetenz zu entwickeln:

- Was ist mir im Leben wichtig?
- Wo sollte ich für mehr Zufriedenheit meine Komfortzone verlassen?
- Wohin entwickelt sich mein Beruf?
- Welche Qualifikationen beziehungsweise Kompetenzen kann ich mir heute aneignen, um für die Zukunft gerüstet zu sein?
- Welche Ziele habe ich und was muss ich dafür tun?
- Was sind meine Zeitfresser?
- Wo sorge ich für ausreichend Abwechslung und Anspannung? Wo sorge ich für ausreichend Entspannung?
- Wer ist mir in meinem Umfeld eine Unterstützung? Wo bin ich eine Unterstützung?
- Wann fällt es mir leicht, meine Emotionen zu regulieren, wann nicht?
- Inwiefern sehe ich Misserfolge als persönlichen Entwicklungsprozess an?
- Welcher Teil meiner Persönlichkeit unterstützt mich in meiner Selbstmanagement-Kompetenz?

Selbstmanagement ist ein lebenslanger Prozess, der vor allem die Fähigkeit zur Selbstreflexion erfordert. Im Hinblick auf ein sich stark wandelndes Arbeitsleben ist der Umgang mit sich selbst und mit Veränderungen essentiell für ein zufriedenes, langes Leben.

3.5 Lernkompetenz

Für den wirksamen Umgang mit Veränderungen und auch die Weiterentwicklung aller anderen Kompetenzen, ist die Lernkompetenz essentiell. Neben der Lernkompetenz geht es auch um die Strategie, wie ich die anderen genannten Kompetenzen erlernen kann.

Nach Gnahs (2007) gibt es fünf Arten beziehungsweise Wege, Kompetenzen zu erwerben:

1. **Sozialisation:** Unsere Umwelt, die Gesellschaft und der Kontakt zu anderen beeinflusst die Entwicklung seit Kindertagen. Die gemachten Erfahrungen prägen unser Weltbild, unser Verhalten und unsere Kompetenzen.
2. **Formales Lernen:** Dieses Lernen findet in Bildungsinstitutionen wie z. B. Schule, Universität, Werksunterricht und Berufsschule statt.
3. **Nicht-formales Lernen:** Damit wird das Lernen bezeichnet, dass außerhalb dieser Bildungsinstitutionen und trotzdem organisiert stattfindet (Beispiel: Englischkurs an der VHS, Kommunikationsworkshop).
4. **Informelles Lernen** vollzieht sich außerhalb von Bildungsinstitutionen und nicht organisiert. Es gibt nicht zwingend feste Lernräume und eine Begleitung durch Lehrer, Ausbilder oder Lernbegleiter. Es entsteht durch Erfahrung in einer Alltagssituation. (Beispiele: Kollegen erklären sich gegenseitig, wie ein Video auf dem Smartphone geschnitten wird; jemand zeigt einem anderen, wie ein Knopf angenäht wird).
5. **Implizites Lernen** findet beiläufig und in allen Lebensbereichen statt. Im Vergleich zum informellen Lernen ist es dem Lernenden nicht bewusst. Beispielsweise wird durch die Arbeit am Computer auch die Tippgeschwindigkeit beim Schreiben unbewusst ausgebaut.

Wege zum Kompetenzerwerb (nach Gnahs 2007)

Insbesondere informelles Lernen und implizites Lernen gewinnen immer mehr an Bedeutung. Diese haben den Vorteil, dass viel individueller gelernt werden kann, d. h. ich lerne ausgehend von meinem eigenen Niveau und muss mich nicht dem meiner Lerngruppe anpassen. Außerdem geht es gegebenenfalls schneller, z. B. muss kein Lehrpersonal ausgewählt, keine Lerneinheit konzipiert werden und die Terminabstimmung erübrigt sich. In Bezug auf die Arbeitswelt 4.0 ist Lernen auf verschiedenen und individuellen Wegen unabdingbar.

Um das informelle und implizite Lernen zu fördern, ist es wichtig, seine Komfortzone zu verlassen und immer wieder mit neuen Situationen konfrontiert zu werden. Dazu gehören Auslandseinsätze, Wohnortwechsel oder neue Aufgabenbereiche. Als Komfortzone wird in diesem Zusammenhang der Bereich bezeichnet, an dem Entspannung und Wohlgefühl herrscht und durch Gewohnheiten und Routinen vieles leichter fällt. Dort ist Lernen allerdings kaum möglich.

Beispielsweise wird durch einen Wohnortwechsel gelernt, neue Probleme zu lösen und auch kontaktfähiger zu werden, um einen neuen Freundeskreis aufzubauen. Ein anderes Beispiel ist die Präsentation von Ideen vor der Geschäftsführung. Dabei wird nicht nur gelernt abzustimmen sondern auch kundenorientierter für sein Publikum zu werden.

Kompetenzen werden durch folgende Arten erworben: Sozialisation, formales Lernen, nicht-formales Lernen, informelles Lernen und implizites Lernen.

In Zukunft rücken informelles und implizites Lernen immer mehr in den Vordergrund.

Zur Lernkompetenz gehören analog zur Veränderungskompetenz die Lernbereitschaft und auch die Lernmöglichkeiten dazu. Zusätzlich beinhaltet die Lernkompetenz die Lernfähigkeit sowie Digital- und Medienkompetenzen (S. Kapitel Digital- und Medienkompetenzen). Die Lernfähigkeit zeichnet sich durch das Wissen und Anwenden von Lernstrategien, Selbstdisziplin, Abstimmung mit anderen Lernenden und Reflexionsfähigkeit aus.

Anwendung von Lernstrategien

Das Setzen von Lernzielen, Planen von Lernzeiten und Pausen und ein gutes Zeitmanagement gehört zu effektiven Lernstrategien dazu. Es unterstützt dabei, sich Lerninhalte in einem gewissen Zeitraum aneignen zu können und Prioritäten zu setzen.

Selbstdisziplin

Selbstdisziplin bedeutet, auch dann durchzuhalten und weiterzumachen, wenn schwierige Situationen auftreten. Beispielsweise wenn Inhalte nicht so schnell erlernbar sind, Zeitdruck hinzukommt, zusätzliche Themen erlernt werden müssen oder auch außerhalb des Lernens herausfordernde Situationen entstehen, die vom Lernen ablenken.

Abstimmung mit anderen Lernenden

Bei der Lösung von komplexen Aufgaben ist die Arbeit im Team wichtig. Viele Aufgaben können nur gemeinsam gelöst werden. Kommunikationstechniken wie

Paraphrasieren (d.h. Gesagtes in eigenen Worten wiederholen), Fragetechniken (beispielsweise offene und geschlossene Fragen), aktives Zuhören und das Deuten von Körpersprache sind hierbei von Bedeutung.

Reflexionsfähigkeit
Um den eigenen Lernerfolg sowohl im formalen als auch im informellen beziehungsweise impliziten Lernen bewerten und weiterentwickeln zu können, ist es wichtig, sich selbst reflektieren zu können.
(Vgl. Becker et al.: Praxishandbuch berufliche Schlüsselkompetenzen, 2018, S. 103-111.)

Selbstreflexion zählt sicherlich zu den wichtigsten Grundlagen für die Entwicklung aller Kompetenzen, da durch die eigene Bewertung aus verschiedenen Perspektiven der Anlass für Veränderung offensichtlich wird.

Ein Reflexionsprozess verläuft in folgenden Phasen und ist mithilfe der Fragen trainierbar:

Reflexionsprozess trainieren

4. Zusammenarbeit mit Kunden und Kollegen

Im Hinblick auf die Zunahme von Automatisierung und der Übernahme von Aufgaben durch Roboter stellt sich die Frage, warum eine Interaktion mit anderen Personen jetzt und in Zukunft eine wichtige Kompetenz sein soll.

Viele Menschen sind zunehmend bei Kaufentscheidungen online überfordert, Online-Seminare werden aufgrund der mangelnden Personalisierung nicht beendet und der Frust beim Kunden steigt bei mangelnder Serviceorientierung und dem unpersönlichen Lösen von Konflikten.

Es drängt sich der Verdacht auf, dass es ohne persönliche Kommunikation und Interaktion nicht funktionieren wird. Viele Informationen wie körpersprachliche Signale, Emotionen der Gesprächspartner und der Kontext des Gespräches fehlen häufig bei digitaler Kommunikation. Es fällt daher schwerer, die Informationen des Gegenübers zu verstehen. Je mehr verschiedene Kommunikationsmöglichkeiten durch die digitalen Medien zur Verfügung stehen, desto mehr wird verlangt, digitale Botschaften zu verstehen.
Es kommt somit in Zukunft nicht nur darauf an, Kunden, Kollegen, Mitarbeiter und Vorgesetzte über bisher bekannte Medien zu „verstehen“, sondern je nach Medium und Situation im virtuellen Raum zu unterscheiden, wie kommuniziert wird.

Ein Blick zurück in unsere menschliche Entwicklung ist wichtig, um die Relevanz für folgende Punkte zu verstehen:

- die Fähigkeit, miteinander differenziert zu kommunizieren
- in unterschiedlichen Teamzusammensetzungen miteinander arbeiten zu können
- flexibel miteinander kollaborieren (= zusammenarbeiten) zu können

Eine These ist, dass der Grund für unsere Überlegenheit in der Evolution in unserer Kooperationsfähigkeit in großen Gruppen liegt. Der Glaube an diese These fällt häufig schwer, wenn Sie an alltägliche Situationen mit anderen Personen im privaten und beruflichen Umfeld denken. Oft fallen einem Situationen ein, bei denen Konflikte auftreten. Diese Konflikte widersprechen jedoch nicht dieser einzigartigen Fähigkeit. In kleinen Gruppen kooperieren Tiere, bspw. Schimpansen deutlich besser.

An folgendem Beispiel wird jedoch deutlich, dass diese Kooperationsfähigkeit Grenzen hat:

Wie würde es aussehen, wenn mehr als 10.000 Menschen ein Fußballspiel in einem Stadium anschauen?
Wie würde es im Gegensatz aussehen, wenn 10.000 Schimpansen in einem Fußballstadion frei herumliefen. Was würde dort für ein Chaos entstehen?

Der Unterschied liegt darin, dass Menschen es schaffen, sich relativ geordnet in einem Fußballstadion zu verhalten: Sie halten sich an formelle und informelle Regeln. Die Wahrscheinlichkeit, dass sie gesund und frohen Mutes das Stadion verlassen, ist relativ hoch.

Regeln sind z. B.: Beibehalten des zugewiesenen Platzes, Einhalten des Sicherheitsabstandes zu anderen, gemeinsames Freuen, Schutz von Kindern, Fokus auf das Spiel, Unterstützung der Spieler u.v.m. Ohne diese Regeln meist ausgesprochen zu haben, halten sich die meisten der 10.000 Menschen daran. Ein Stadion voller Schimpansen folgt keinen Regeln zur Kollaboration.

Kooperation mit anderen Personen ist somit ein entscheidender Faktor.

4.1 Kommunikation – das A und O

Die menschliche Kommunikation spielt bei der Arbeit in Teams aus unterschiedlichen Fachrichtungen, Perspektiven und Persönlichkeiten eine wichtig Rolle.

Kommunikation wird allgemein immer noch mit „miteinander reden“ übersetzt. Dabei macht die Sprache nur einen geringen Teil der Kommunikation aus. Paul Watzlawick sagte schon in den 1970er Jahren: „Man kann nicht nicht kommunizieren.“

Jede Verhaltensweise, auch die unterlassene Verhaltensweise, ist eine Form von Kommunikation. Dabei ist die Kommunikation nicht nur auf das Gesagte oder nicht Gesagte (verbal) beschränkt, sondern umfasst auch die nonverbale Kommunikation mit Mimik (d. h. emotionale Gesichtsausdrücke) und Gestik (d. h. Körperhaltung, Bewegung, Zeichen).

Kommunikation ist, wenn...

- jemand Blickkontakt hält
- auf den Boden schaut
- das Gesicht verzieht
- lächelt
- eine offene Körperhaltung hat
- sich vom Gesprächspartner abwendet
- auf sein Handy schaut
- sein Handy in der Tasche hat
- kurz online ist und eine Nachricht nicht sofort beantwortet
- seit vier Stunden nicht mehr online war
- zu spät kommt
- die Hände in den Taschen hat
- ...

Das bedeutet, jeder Vorgang, bei dem eine noch so subtile Information von einer Person zur anderen transportiert wird, ist eine Form von Kommunikation. Vollkommen unabhängig davon, ob eine Botschaft versendet werden sollte; entscheidend ist, wie diese Botschaft beim Gegenüber ankommt beziehungsweise wie sie „entschlüsselt" (interpretiert, decodiert) wird.

Das Eisbergmodell, angelehnt an Sigmund Freud, geht auf diesen Punkt genauer ein:

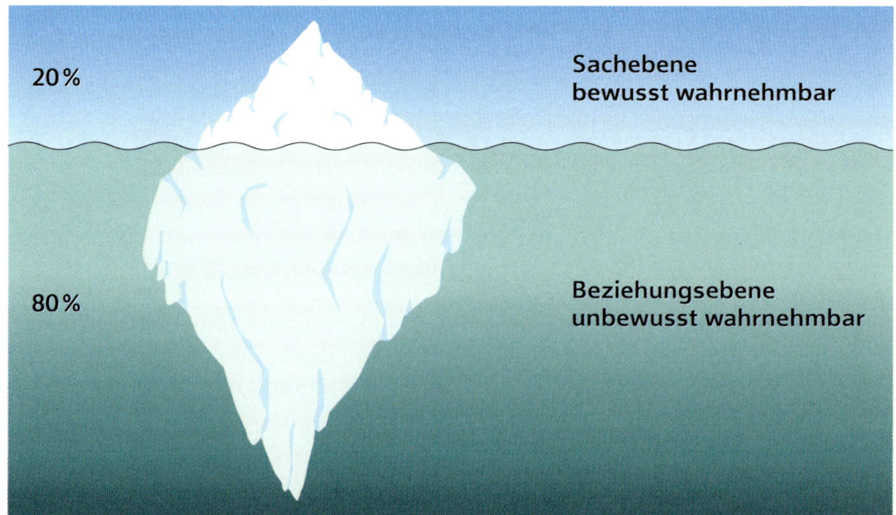

Eisbergmodell von Schulz von Thun – angelehnt an S. Freud (eigene Darstellung)

Bei dem Eisbergmodell geht es darum, den Eisberg als Bild für Kommunikation zu sehen. Eisberge haben die physikalische Eigenschaft, dass ca. 20 % des Eisbergs oberhalb der Wasseroberfläche zu sehen ist. Hingegen ist der größte Teil des Eisbergs (ca. 80 %) unterhalb der Wasseroberfläche zu finden.

Die obere Ebene wird in der Kommunikation als bewusst wahrnehmbare Ebene beziehungsweise Sachebene bezeichnet, während der untere, eher unbewusst wahrnehmbare Teil die Beziehungsebene ist.

Zur Sachebene gehören Wörter, Fakten, Zahlen und Daten.
Einfach ausdrückt – Alle Faktoren, die sich gut messen lassen.

Zur Beziehungsebene gehören Körpersprache, Stimme, Erfahrungen, Erwartungen, Ziele, Umfeld, Kontext, Werte, Normen, Kulturen, Gefühle und Beziehungen.

Beispiel:
Ein aufgebrachter Kunde ruft an und beschwert sich über den Fehler eines Kollegen. Er lässt sich nicht beruhigen, indem ihm die Korrektur des Fehlers bestätigt wird. Es ist nicht offensichtlich, was in ihm vorgeht.

Mögliche Thesen:
- der Kunde hat sich bereits heute Morgen über etwas anderes aufgeregt
- er hat gerade besonders viel zu tun
- es ist nicht das erste Mal, dass die Firma einen Fehler macht
- er ist überfordert und versteht das Problem nicht
- ...

Welche Möglichkeiten fallen Ihnen noch ein, wenn Sie sich das Eisbergmodell anschauen?

Es wird deutlich, dass die gleiche Kommunikation per E-Mail oder Chat noch komplizierter zu lösen wäre. Nun stellen Sie sich vor, der aufgebrachte Kunde ist Ihr Kollege oder Chef. Dies ist eine ebenso schwierige Situation, die sicherlich nicht mit einer E-Mail zu klären ist.

> Viele Informationen in der Kommunikation sind nur unbewusst wahrnehmbar und erfordern einen erhöhten Fokus auf Zwischenmenschliches, um Konflikte zu vermeiden, zu lösen und Teamarbeit zu gewährleisten.

Warum sind gute Kommunikationsfähigkeiten auch in der Zukunft wichtig?
- Kommunikationsfähigkeiten sind und werden nicht so einfach von Robotern und anderen künstlichen Intelligenzen kopierbar sein.
- Zwischenmenschliche Probleme lösen sich nur durch gute Kommunikation.
- Unser Instinkt treibt uns an, kooperieren zu wollen.

4.2 Face-to-Face vs. Virtuell

Die Unterschiede in verschiedenen Kommunikationssituationen sind mehr oder weniger offensichtlich. Mit Face-to-Face ist die persönliche reale Situation gemeint, in der Menschen sich im gleichen Raum begegnen. Im Deutschen wird dies meist auch als „persönliche Kommunikation“ bezeichnet. Telefonieren und Chatten kann genauso persönlich sein.

Die Situationen verlangen vom Menschen Fingerspitzengefühl, denn sie alle bieten Vor- und Nachteile für die Art und Weise der Kommunikation. Hinzu kommt noch das Kommunizieren mit Maschinen, das vom Menschen eine ganz neue und intensive Beschäftigung und Weiterentwicklung verlangt. (S. Future Work Skills: Virtual Collaboration.)

Folgende Aufstellung zeigt die Vor- und Nachteile verschiedener Kommunikationsarten:

Kommunikationsart	Vorteil	Nachteil
Persönlich (Face-to-Face)	– Körpersprache ist erkennbar und analysierbar – verbindlicher durch körperliche Anwesenheit/persönliche Beziehung – hohe Wertigkeit	– Emotionen sind weniger leicht zu verstecken – nicht dokumentierbar – gegebenenfalls (organisatorisch) zeitaufwändig
Schriftlich – E-Mail	– Auflistung von Fakten möglich – dokumentierbar – schnell	– Informationen gehen in einem unübersichtlichen Postfach möglicherweise verloren – Emotionen sind schwer darstell- und interpretierbar
Schriftlich – Brief (gedruckt und handschriftlich)	– hohe Wertigkeit (formell) – Auflistung von Fakten möglich – dokumentierbar	– Emotionen sind schwer darstell- und interpretierbar – langsamer Informationsfluss
Schriftlich – Chat	– unverbindlich – schnell – einfach – man sieht sich nicht	– unterschiedliches Verständnis von Zeichen, Emoticons – Emotionen sind schwer darstell- und interpretierbar – unverbindlich

Telefonisch (Anruf)	– viele komplexere Sachverhalte lösbar – persönlich – direkte Reaktion des Gegenübers möglich	– Emotionen nur durch Inhalt und Stimme entschlüsselbar – körpersprachliche Signale fehlen
Telefonisch (Video)	– viele komplexere Sachverhalte lösbar – persönlich/Körpersprache sichtbar – direkte Reaktion des Gegenübers möglich	– Körpersprache sichtbar – aktuell: Verbindungsprobleme erschweren Kommunikation – bei mehreren Teilnehmern: hohe Konzentration erforderlich
Sprachnachricht	– viele komplexere Sachverhalte lösbar – persönlich – schnell, kein Tippen notwendig	– kein Gespräch: keine direkte Reaktion des Gegenübers möglich – längere Sprachnachrichten wirken sehr einseitig (Monolog)
Interaktion mit Maschinen	– konfliktarm, da rein sachliche Kommunikation – schnell	– aktuell: hohe Fehlerquote beim Interpretieren von Botschaften – keine reale Interaktion – wirkt für den Menschen nicht sozial, sondern künstlich

Vor- und Nachteile verschiedener Kommunikationsarten

4.3 Soziale Kompetenz

Soziale Kompetenz gehört zu den wichtigsten Kriterien für den privaten und beruflichen Erfolg. Sie wird als wichtiger Teil der Führungsfähigkeit verstanden. (S. Future Work Skills: Social Intelligence.)

Darüber hinaus ist die soziale Kompetenz *die* Fähigkeit, die neben digitalen und IT-Fähigkeiten in Zukunft immer wichtiger wird. Diese Fähigkeiten werden nicht von Robotern ersetzt werden können. Ihre Wichtigkeit nimmt laut des McKinsey Global Institute Workforce Skills Model (S. Abbildung) zu.

In 2030 werden – so die Prognose – 24 % mehr Arbeitszeit für soziale und emotionale Fähigkeiten benötigt.

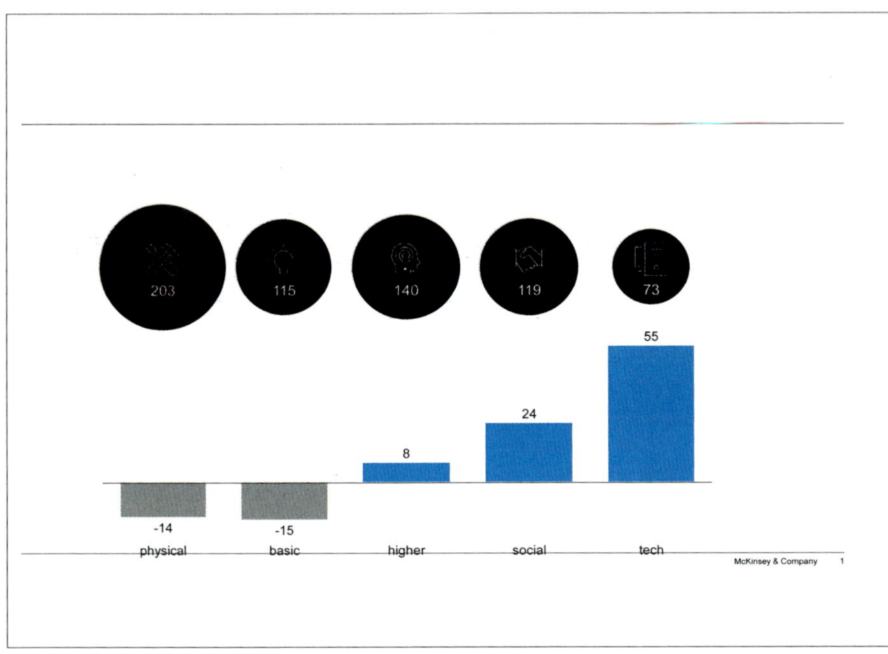

McKinsey Global Institute Workforce Skills Model; McKinsey Global Institute analysis 2018

Hinsch & Pfingsten (2007) definieren „soziale Kompetenz" folgendermaßen: „Unter soziale Kompetenz verstehen wir die Verfügbarkeit und Anwendung von kognitiven, emotionalen und motorischen Verhaltensweisen, die in bestimmten sozialen Situationen zu einem langfristig günstigen Verhältnis von positiven und negativen Konsequenzen für den Handelnden führen."

Das bedeutet: Jemand ist sozial kompetent, wenn er/sie die Fähigkeit besitzt, Kompromisse zwischen den eigenen Bedürfnissen und dem sozialen Umfeld zu schließen. Dazu gehört konkret z. B. sich entschuldigen, Nein sagen, Komplimente akzeptieren, Gespräche beginnen und aufrecht erhalten, Gefühle zeigen und um einen Gefallen bitten.

Dabei bedeutet sozial kompetent fälschlicherweise nicht immer freundlich und nett zu sein, sondern ein Gefühl für die Situation zu bekommen. In manchen Situationen kann ein provokativer Spruch dazu führen, dass sich die Beziehung zwischen zwei Personen intensiviert; in manchen Situationen bringt dieser Spruch „das Fass zum Überlaufen". Diese Gradwanderung ist nicht immer leicht.

Um sozial kompetent zu ein und somit Bedürfnisse dem Umfeld entsprechend auszudrücken, bedarf es guter Kommunikationsfähigkeiten.

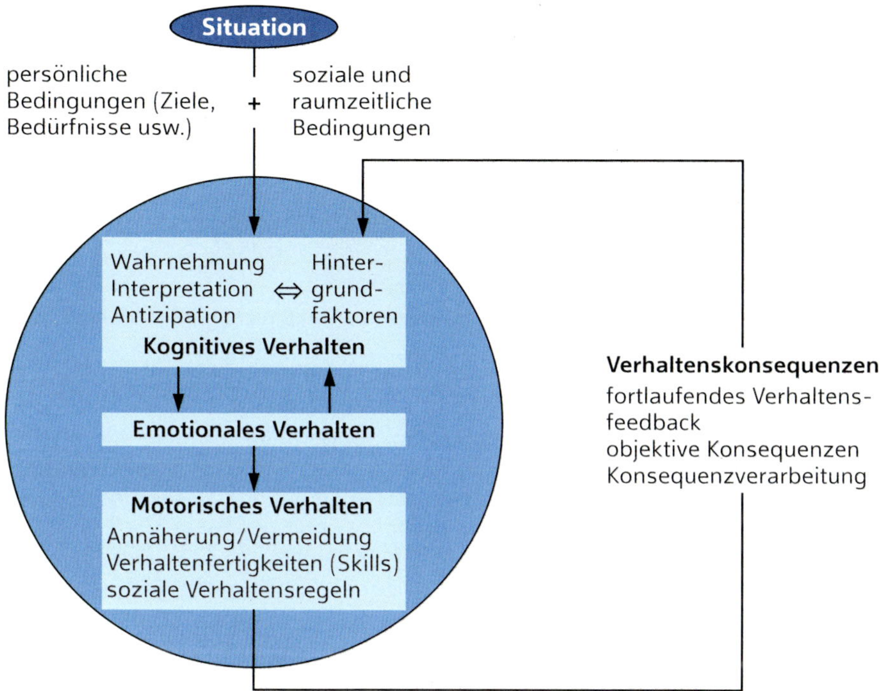

Erklärungsmodell sozialer Kompetenzen und Kompetenzprobleme (nach Hinsch und Pfingsten 2007)

Das Erklärungsmodell macht deutlich:

- Es gibt eine Vielzahl von Einflussfaktoren auf sozial kompetentes Verhalten.
- Es gibt die Möglichkeit, Situationen auf vielfältige Art und Weise wahrzunehmen, zu interpretieren und dann damit auf sie zu reagieren.
- Es ist ein fortwährender Prozess, d. h. das vergangene Verhalten wird immer hinterfragt.
- Sozial inkompetentes Verhalten kann auf jeder Ebene entstehen.

Beispiel: Darstellung des Erklärungsmodells

„In einem Restaurant bekommen Sie ein falsches Gericht geliefert."

Situation
Persönliche Bedingungen: Sie haben das *Bedürfnis*, schnell zu essen, da Sie noch einen Termin haben.
Soziale Aspekte: Kundenorientierung ist dem Restaurant wichtig. Laute Diskussionen werden vermieden, um andere Gäste nicht zu stören.
Raumzeitliche Gegebenheiten: Es ist Mittag und das Restaurant sehr gefüllt.

Kognitives Verhalten
Wahrnehmung: Ihnen fällt der mürrische Kellner auf, weil Sie selbst auch gestresst sind.
Hintergrundfaktoren: Der Kellner ist mürrisch, weil viel zu tun ist.

Emotionales Verhalten
Sie sind mutig und entschlossen und fordern Ihr Essen ein, weil Sie ein „Recht auf das Essen haben, das Sie bestellt haben."

Motorisches Verhalten
Annährung/Vermeidung: Sie vermeiden den Kontakt nicht und sprechen den Kellner darauf an.

Verhaltensfertigkeiten
Sie sprechen den Kellner nicht nur darauf an, sondern die Formulierung der Beschwerde passt mit Stimme und Körpersprache zusammen, sodass Sie im besten Fall zum Ziel kommen, d. h. in einer sachlichen, emotional besänftigenden Art schnell zu Ihrem Essen kommen.
Soziale Verhaltensregeln: Dabei beachten Sie die Regeln, die es in einem Restaurant gibt und achten z. B. darauf, dass umliegende Gäste nicht gestört werden und Sie den Kellner siezen.

Verhaltenskonsequenzen
Fortlaufendes Verhaltensfeedback: Sie stellen direkt während des Gesprächs fest, dass andere Gäste sich umdrehen und senken daher Ihre Lautstärke.
Kurzfristige Konsequenz: Der Kellner entschuldigt sich und nimmt das Essen mit.
Langfristige Konsequenz: Der Kellner bedient Sie beim nächsten Mal besonders freundlich.

An jeder Stelle im Handlungsverlauf ist natürlich auch eine andere Gestaltung des Gesprächs möglich, das dann zu mehr oder zu weniger sozial kompetentem Verhalten führt.

4.4 Emotionale Intelligenz

Die Wahrnehmung und Interpretation von Emotionen ist eine wichtige Eigenschaft; sie wird auch als „emotionale Intelligenz" bezeichnet.

Emotionale Intelligenz bedeutet, in Interaktion mit anderen Personen das Gefühl für die Situation zu haben und entsprechend handeln zu können.

Goleman (2013) definiert emotionale Intelligenz folgendermaßen:

1. **Emotionen wahrnehmen**
   Im ersten Schritt bedeutet dies, sich selbst wahrzunehmen und eigene Gefühle zu erkennen.
2. **Emotionen regulieren**
   Emotionsregulation bedeutet, sich selbst beruhigen zu können.
3. **Emotionen auf ein Ziel ausrichten**
   Gefühle werden so ausgerichtet und beherrscht, dass erfolgreich das Ziel erreicht wird.
4. **Einfühlungsvermögen zeigen**
   Eine Person bemerkt, was andere fühlen und kann sich in sie hineinversetzen (Empathie).
5. **Beziehungen pflegen können**
   Mit Emotionen von anderen umgehen können und sich sozial kompetent verhalten.

Beispiel: Schlechte Note im Mathe-Test

1. Wahrnehmen: Erkennen, dass man selbst traurig/wütend ist, weil man eine schlechte Note bekommen hat.
2. Emotionsregulation: Man ist traurig, kann aber nach einer gewissen Zeit wieder einen anderen Gedanken fassen.
3. Zielausrichtung: Diese Trauer und gegebenenfalls Wut sind der Ansporn für das Lernen für die nächste Mathe-Arbeit.
4. Einfühlungsvermögen: Ein Mitschüler bekommt mit, dass sein Sitznachbar eine schlechte Note hat. Er macht sich nicht über ihn lustig.
5. Beziehungen pflegen: Er bietet an, eine Nachhilfegruppe zu gründen, um sich gegenseitig bei verschiedenen Fächern beim Lernen zu unterstützen.

Exkurs: „Marshmellow-Test“

Zum Teilaspekt der emotionalen Intelligenz, Emotionen auf ein Ziel auszurichten, gibt es den bekannten Marshmellow-Test, der vor ein paar Jahren als Ü-Eier-Test wiederholt und in den sozialen Medien sehr verbreitet war. Dieser Test zeigt, wie schwer bereits ein Teilaspekt fallen kann und wie notwendig emotionale Intelligenz ist, um erfolgreich zu sein.

Vierjährigen Kindern wurde in dem Test folgender Vorschlag unterbreitet:

„Wenn du möchtest, schenke ich dir ein Marshmellow, das du jetzt sofort bekommst.

Oder: Du wartest bis ich wiederkomme und du bekommst zwei Marshmellows.“

Die Kinder waren natürlich in der Zwickmühle und mussten dem Impuls widerstehen.

Ein Drittel der Kinder konnte nicht widerstehen und nahm den einen Marshmellow sofort.

Zwei Drittel warteten auf die Belohnung der zwei Marshmellows und lenkten sich in der Zwischenzeit ab. Sie wurden nach einem wohl endlos erscheinenden Zeitraum von 15-20 Minuten erlöst und bekamen wie versprochen den zweiten Marshmellow.

Das Interessante zeigte sich nach 12-14 Jahren, als die Kinder nochmals untersucht wurden. Die Kinder, die widerstanden und die, die ihren Impuls nicht kontrollieren konnten, zeigten große emotionale und soziale Unterschiede. jene Kinder, die nach dem Marshmellow gegriffen hatten, vermieden soziale Kontakte, waren schnell frustriert und skeptisch.

Die anderen Zwei Drittel nahmen bereitwillig Herausforderungen an, waren selbstsicher und konnten auch immer noch Belohnungen aufschieben.

4.5 Kooperation und Kollaboration

Kooperations- und Kollaborationsfähigkeit sind die Grundlage für berufliche Zusammenarbeit und Erfolg.

Kooperation im Team setzt nach Gellert & Nowak (2014) das Folgende voraus:

- Beziehungen und Rollen sind geklärt
- Interessen, Ziele und Prioritäten müssen übereinstimmen
- Konkurrenz wird ausgeschlossen
- Vertrauen in die Kompetenz der Kooperationspartner ist vorhanden.

Mit Kunden, Vorgesetzten, Kollegen und Geschäftspartnern ist es sinnvoll zu kooperieren, um zu unserem Ziel zu kommen. Zum Beispiel: Ein Kollege wird bei einer Aufgabe von Kollegen unterstützt, dafür revanchiert er sich in einer anderen Situation und sendet beispielsweise Unterlagen schneller zu.

Kollaboration hingegen geht über Kooperation hinaus. Dabei wird gemeinsam an einem Projekt gearbeitet und alle sind von Beginn bis zum Ende involviert. Beispielsweise wird ein neues Produkt zwischen der Marketingabteilung, der Produktionsabteilung und auch dem Kunden entwickelt.

In Zukunft wird es immer mehr darum gehen, die Kooperations- und Kollaborationsfähigkeiten aus der 1:1-Kommunikation in virtuelle Teams übertragen zu können. Mehr denn je wird daher von jedem eine gute Kommunikationsfähigkeit sowie soziale Kompetenz und emotionale Intelligenz gefordert werden.

Im Hinblick auf die Arbeit zwischen Mensch und Maschine wird es eine neue wichtige Fähigkeit sein, auch mit der Maschine kooperieren und kollaborieren zu können. Laut Michael Haag ist die Zusammenarbeit mit dem Menschen die höchste Stufe der Arbeit eines Roboters (S. Abbildung).

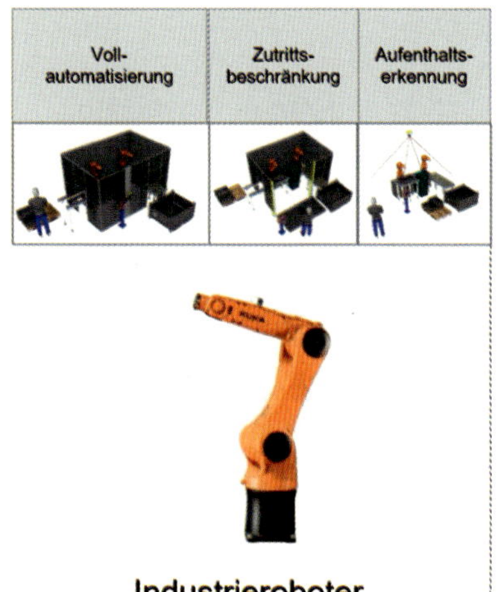

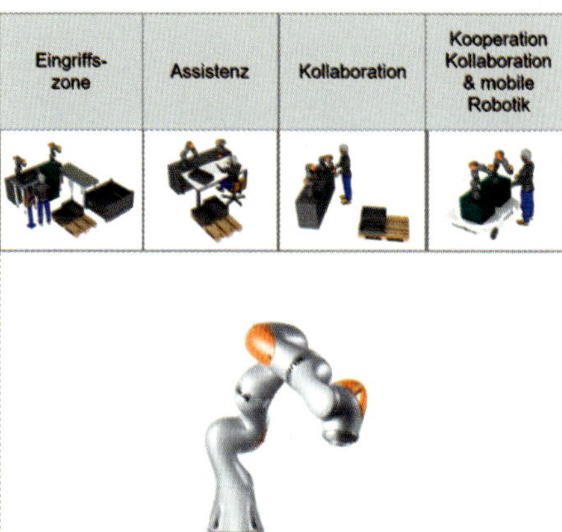

Stufen der Mensch-Roboter-Kooperation – von der Vollautomatisierung bis zur Kooperation

Während sich die Interaktion mit der Maschine in den meisten Bereichen noch auf menschlich koordinierte Anweisungen für Roboter beschränkt, werden Menschen zukünftig Anweisungen von der Maschine entgegennehmen und diese umsetzen. Unbewusst geschieht das bereits ohne Bedenken. Beispielsweise nehmen Autofahrer die Hinweise des Navigationssystems entgegen und vertrauen diesem eher als den eigenen Straßen- und Ortskenntnissen.

Wie selbstverständlich wird der Mensch mit der Maschine kommunizieren und mit ihr im Team für ein gemeinsames Ziel zusammenarbeiten. Dabei übernimmt beispielsweise die Maschine Aufgaben, die eine hohe Präzision erfordern, genaue Wahrnehmungsfähigkeiten und Kreativität werden vom Menschen beigesteuert. Auch hier kommt es auf eine Klarheit in der Kommunikation mit einer Maschine durch Anweisungen und eindeutig formulierte Fragen an. Darüber hinaus ist eine Empathie für die Maschine notwendig, d. h. die Vorkenntnisse der Maschine in die eigene Kommunikation mit einzubeziehen.

Kooperation und Kollaboration sind die Grundlage für gute Teamarbeit – heute und in Zukunft.

In der Praxis wird deutlich, dass Kommunikation keine einfache Formel ist. In vertrauten Situationen erscheint Kommunikation mit Kunden und Kollegen handhabbar. Sobald sich das Umfeld verändert, z. B. durch eine Person, die einer anderen Generation zugehörig ist, ein anderes Wertesystem hat oder aus einer anderen Kultur stammt, hilft das bisher Bekannte nur bedingt. Es erfordert ein erneutes Interpretieren, Einschätzen und Reflektieren der Situationen abzutasten.

In einer Welt, in der es zunehmend üblich ist, den Arbeitsplatz und das Umfeld zu verlassen, sich mit anderen Kulturen auszutauschen und mit ihnen auf Augenhöhe zu kommunizieren, wird die Fähigkeit verlangt, sozial kompetent zu agieren und sich auf neue Gesprächspartner über verschiedene Kommunikationskanäle einzustellen. Nicht zuletzt gehört die Kollaboration mit Maschinen zukünftig dazu.

5. Interkulturelle und generationsübergreifende Kommunikation

Globalisierung, stärkere Vernetzung und heterogene Teams haben dazu geführt, dass nicht nur eine gute Kommunikationsfähigkeit wichtig ist; vielmehr gilt es nun, die Besonderheiten von verschiedenen Kulturen zu verstehen, ein Feingefühl für das Gegenüber zu entwickeln und andere Vorstellungen beziehungsweise Werte zu akzeptieren.

5.1 Wertesysteme und Wahrnehmungsfilter

Die Fähigkeit, mit anderen zu kommunizieren, macht sich besonders in Situationen bemerkbar, bei denen Personen verschiedener Kulturen und Generationen aufeinandertreffen.

Der Grund dafür sind unterschiedliche Wertesysteme, die das eigene Weltbild formen. Es treffen verschiedene Perspektiven aufeinander, die zu Missverständnissen und Konflikten führen können.

Das Modell der Welt von Korzybski verdeutlicht, dass jeder in seiner „eigenen Welt“ lebt und diese als „richtig“ empfindet. Diese Welt ist geprägt durch die eigenen Erlebnisse – privat und beruflich – sowie durch das soziale Umfeld und unterschiedliche Werte. In der eigenen Vorstellung von der Welt muss der Andere alles so sehen, wie man selbst.

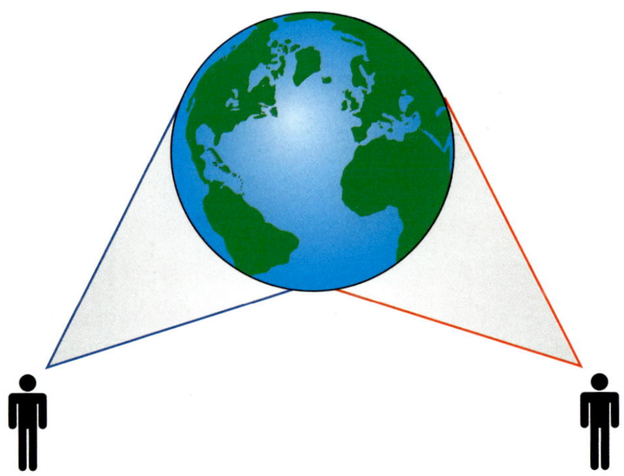

Modell der Welt (angelehnt an Korzybski)

Beispiel:

Vorgesetzter: „Hier sieht es aus, wie bei Hempels unterm Sofa."
Mitarbeiter: „Wieso? Hier ist doch alles sauber, ich habe meine Tasse gerade weggeräumt."

Wie könnte dieser Konflikt nach dem Modell der Welt gelöst werden?

- Akzeptanz von unterschiedlichen Meinungen und Perspektiven
- Verstehen durch Fragen
- Gemeinsam eine Lösung finden

In dem oben genannten Beispiel ist es wichtig festzustellen, dass beide eine unterschiedliche Definition von Ordnung beziehungsweise Sauberkeit haben. Der Konflikt lässt sich lösen, indem beide nicht auf ihrem Standpunkt beharren und den jeweils anderen Standpunkt als mögliche Perspektive anerkennen. Durch Fragen lässt sich herausfinden, was beispielsweise der Vorgesetzte unter Ordnung und Sauberkeit versteht und was der Mitarbeiter darunter versteht. Daraufhin kann genau definiert werden, wie Ordnung in Zukunft auszusehen hat.

Um mit anderen Kulturen und Generationen zurechtzukommen, ist die Akzeptanz von unterschiedlichen Sichtweisen Grundvoraussetzung.

Die unterschiedlichen Perspektiven entstehen u. a. durch das, worauf die Aufmerksamkeit gerichtet wird. Die Sicht auf ein Ereignis ist geprägt von verschiedenen sogenannten „Filtern", die durch Erfahrungen, Erziehung, Gefühle, Hintergründe, Einstellungen, Ziele, Werte etc. zugelegt werden.

Der Filter funktioniert in der Weise, dass nur ein Bruchteil von dem, was wahrgenommen wird, für die Wahrheit und für richtig gehalten wird. Das bedeutet sprichwörtlich: Man sieht, hört, fühlt, schmeckt und riecht mit seinen sechs Sinnesorganen nur, was man will.

Diese Filter unterstützen jene persönliche Wahrnehmung, die den Eindruck und die Perspektive im Positiven wie im Negativen auf das Gegenüber prägt. Dies ist nicht per se schlecht: Ohne Filter könnte die Informationsflut, die täglich erlebt wird, nicht bewältigt werden. Die Filter helfen dem Gehirn, Wichtiges von Unwichtigem zu trennen und mit der Reizüberflutung zurechtzukommen.

Neurologische Filter
Nur unsere Wahrnehmungskapazität können wir auch aktiv und bewusst nutzen. Das bedeutet, das Gehirn sortiert solche Wahrnehmungen über die Sinnesorgane aus, die es für aktuell unwichtig hält. Nur das Ergebnis wird bewusst wahrgenommen.

Soziale und kulturelle Filter
Trotz gleicher neurologischer und körperlicher Voraussetzungen, macht jede Person unterschiedliche Erfahrungen in ihrem jeweiligen sozialen Umfeld und lebt in individuellen Traditionszusammenhängen.

Ein Urwaldbewohner wird Tiergeräusche und die Farbe Grün viel genauer zuordnen können als ein Europäer, der in einer Stadt aufgewachsen ist. Hierbei wird offensichtlich, wie sehr das Umfeld und damit die Filter prägen: Unterschiede in der Wahrnehmung gibt es daher auch z. B. zwischen Land- und Stadtbevölkerung und unterschiedlichen Regionen innerhalb Deutschlands.

Individuelle Filter
Jeder ist in der Lage, seine Wahrnehmung auf bestimmte Bereiche zu lenken. Beispielsweise wird das Schnarchen des Bettnachbarn als besonders laut empfunden, wenn dringend geschlafen werden muss. Ebenso gelingt es in einem Café mit Geräuschkulisse dem Gegenüber zuzuhören und dabei Tassenklirren, das Surren der Espressomaschine sowie die Gespräche am Nachbartisch auszublenden.

Diese Filter können aber bei Begegnungen mit anderen Personen, die beispielsweise sehr viel sprechen, hinderlich sein, da man gegebenenfalls Gesagtes durch den Filter einfach überhört und nicht genau zuhört.

Generalisierung
Bei diesem Filtertyp wird verallgemeinert und pauschalisiert, d. h. es wird von einer bestimmten Situation auf andere, vergleichbare Situationen geschlossen. Beispiel: „Jeder Deutsche ist ordentlich." Oder: „Azubis sind immer unzuverlässig."

Tilgung
Wie oben bereits in der Café-Situation beschrieben, ist es manchmal hilfreich, Beobachtungen auszublenden und sich auf bestimmte Details zu fokussieren. Dies birgt jedoch auch Gefahren.
Beispiel: „Du bist nicht unpünktlich."
Hier fehlt die Erklärung, was genau mit unpünktlich gemeint ist. Die Auslegung von Zeit ist hierbei sehr individuell.

Verzerrung
Dieser Filter führt dazu, dass Beobachtungen anders abspeichert werden, als sie sich in Wirklichkeit ereignet haben.
Beispiel: „Sie war gestern unpünktlich, sie ist immer unzuverlässig."
Von der einmaligen Unpünktlichkeit der Person wird generell geschlossen, dass diese unzuverlässig ist.

Unsere Wahrnehmung wird von Filtern beeinflusst, die die Aufmerksamkeit lenken. Diese helfen, die Aufmerksamkeit auf die für die Person wichtigen Dinge zu richten. Das ist zugleich die Gefahr.

5.2 Interkulturelle Kompetenz

Das Wort Kultur stammt vom lateinischen Begriff „cultura" ab, was übersetzt „Bebauung, Pflege" bedeutet. Zum Kulturbegriff bestehen eine Vielzahl von Erklärungen und Definitionen. Es ist ein System von Regeln und Gewohnheiten, die das Verhalten und Zusammenleben des Menschen beschreiben und sich in Werten, Normen, Kunst, Musik, Sprache, Architektur etc. äußert.

Interkulturelle Kommunikation gewinnt in solchen Momenten an Bedeutung, in denen Personen aus unterschiedlichen Hintergründen und Kulturen aufeinandertreffen. Nicht selten kommt es zu Missverständnissen und Konflikten.
(S. Future Work Skills: Cross-Cultural Competency.)

Dies liegt sowohl an den oben genannten Filtern, als auch an unterschiedlichen Wertesystemen. Werte sind Themen, die der jeweiligen Person besonders wichtig sind. Karriere, Familie, Treue, Freiheit, Zuverlässigkeit und Pünktlichkeit gehören beispielsweise dazu.

Über gemeinsame Werte entsteht ein Gefühl der Zugehörigkeit. Hier ist das Verständnis füreinander groß. Unterschiedliche Werte führen dementsprechend schneller zum Missverständnis und zu einem Gefühl der Unterschiedlichkeit.

Laut einer Erhebung von Statista in 2016 werden die in der Grafik aufgeführten Werte als besonders wichtig in Deutschland empfunden:

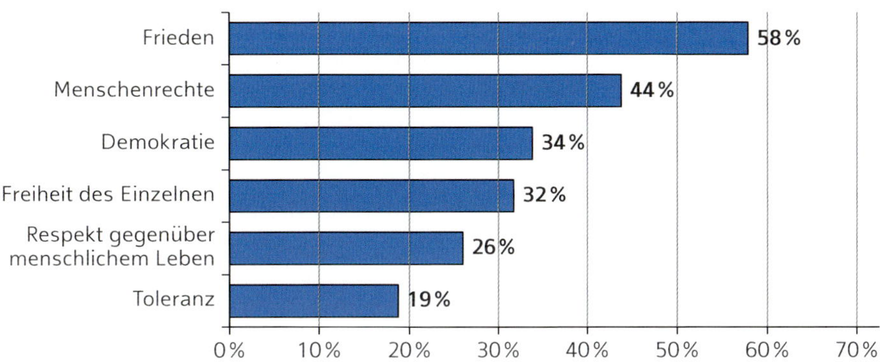

Wichtigste politische und soziale Werte der deutschen Bevölkerung

Werte aus dem chinesischen Kulturraum wie z. B. Akzeptanz von Autoritäten, Respekt vor dem Alter, Disziplin, Rücksichtnahme und Fleiß können dazu führen, dass es im Aufeinandertreffen mit Deutschen schnell Irritationen und Missverständnisse geben kann. Beispielsweise wird ein Chinese eine Anweisung des Projektleiters ausführen, während ein Deutscher die Anweisung durchaus hinterfragen wird, wenn er z. B. anderer Meinung ist oder seinen Entscheidungsspielraum eingeschränkt sieht. Sogenannte Kulturdimensionen nach Erin Meyer 2015 verdeutlichen die möglichen Unterschiede noch einmal besonders.

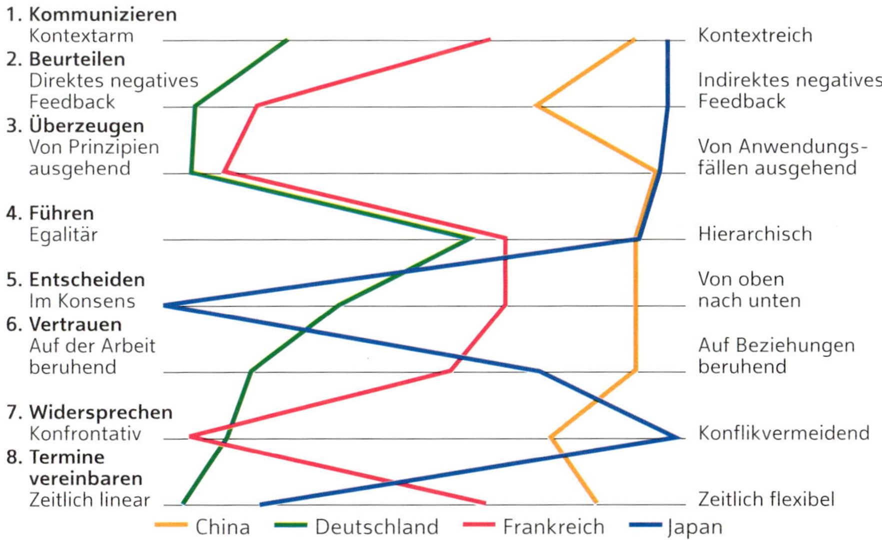

„Kulturlandkarte" nach Erin Meyer

Kommunikation

Diese Dimension erstreckt sich von kontextarmer Kultur bis zu kontextreicher Kultur. In einer Kultur, bei der wenig Kontext notwendig ist, sind Nachrichten einfacher zu verstehen, verständlich und klar beschrieben. Es gibt wenig Möglichkeit für Interpretation. Bei einer kontextreichen Kultur hingegen gibt es viel Interpretationsspielraum, Informationen sind häufig doppeldeutig und auch zwischen den Zeilen formuliert.

Beurteilen

Bei dem Thema Beurteilen geht es um konstruktive Kritik, d.h. lösungsorientierte Formulierungen, die zur Verbesserung eines Prozesses, Verhaltens etc. führen sollen. Jedoch besteht hier schon in der Bewertung, was genau konstruktiv ist (und was nicht), Uneinigkeit.

Die Dimension bewegt sich somit von einem offenen Umgang mit direkter negativer Kritik bis hin zu einem eher indirekten Umgang mit negativer Kritik. Bei letzterem wird die negative Kritik nicht klar und eher verschlüsselt formuliert.

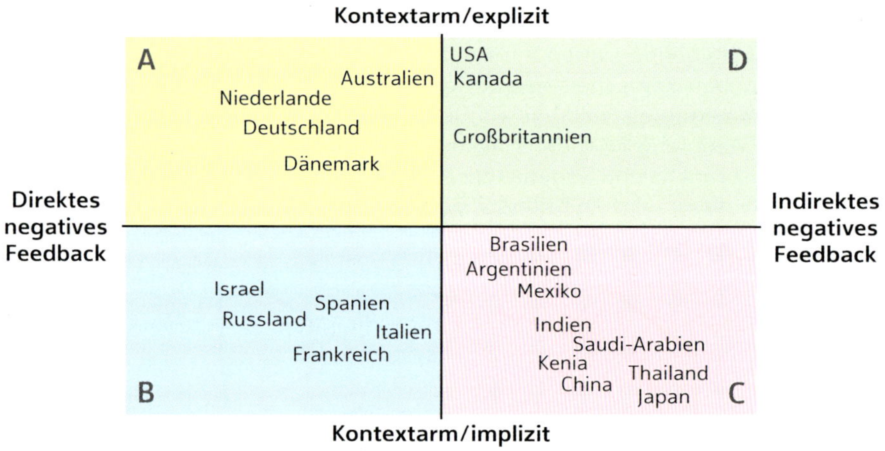

Kulturelle Unterschiede beim Feedback geben

Überzeugung

Hierbei geht es darum, wie in einer Diskussion argumentiert wird. Argumente können sich eher auf Prinzipien und Regeln beziehen oder sich an der aktuellen Situation orientieren, bei der gegebenenfalls Regeln aufgehoben werden, weil sie für den Fall nicht sinnvoll erscheinen.

Führung

Die Dimension „Führung“ beschreibt unterschiedliche Stufen der Hierarchie; diese erstrecken sich von einem Prinzip der Gleichheit bis hin zu einem starken, hierarchischen Gefälle.

Entscheidung
Dies betrifft die Art und Weise, wie Entscheidungen getroffen werden: konsensorientiert in der Gruppe oder durch Anweisung einer einzelnen Führungskraft.

Vertrauen
Hier geht es darum, wann einer Person Vertrauen geschenkt wird und ob dies eher bei der Erfüllung von Aufgaben und guten Ergebnissen (Aufgaben- und Sachorientierung) oder bei einer guten persönlichen Beziehung und Sympathie (Beziehungsorientierung) geschieht.

Widersprechen
Meinungen und Rückmeldungen werden in einigen Kulturen diskutiert und offen dargestellt. In anderen Kulturen wird eher darauf geachtet, das Gesicht des Gegenübers zu wahren und man geht möglichen Auseinandersetzungen und Konflikten aus dem Weg.

Termine vereinbaren
In einigen Kulturen wird Zeitplanung, Pünktlichkeit und das Einhalten von Terminen als wichtig erachtet. Aufgaben werden schrittweise nacheinander abgearbeitet (monochron).

In anderen Kulturen spielt Zeit eine untergeordnete Rolle und Termine und Aufgaben werden parallel oder ungeplant wahrgenommen (polychron).

Unterschiede zwischen einzelnen Personen und Kulturen bestehen durch unterschiedliche Wertesysteme.

Missverständnisse und Konflikte sind vorprogrammiert, je weiter das Wertesystem des Gegenübers vom eigenen Wertesystem entfernt ist.

Nach Bolten (2006) sind u. a. folgende Fähigkeiten für interkulturelle Kompetenz hilfreich:

1. Emotionale Fähigkeiten:

- Ambiguitätstoleranz (S. unten)
- Frustrationstoleranz
- Empathie
- Vorurteilsfreiheit
- geringer Ethnozentrismus (Form des Nationalismus, die gering ausgeprägt ist)
- Respekt
- interkulturelle Lernbereitschaft

2. Kognitive Fähigkeiten (Erkennen von Zusammenhängen)

- Verständnis über fremde kulturelle Zusammenhänge (andere Länder)
- Verständnis über eigene kulturelle Zusammenhänge (eigenes Land)
- Verständnis über Besonderheiten der interkulturellen Kommunikation

Das Kennen der kulturellen Zusammenhänge ist länderspezifisch und muss daher immer auf die einzelne Kultur bezogen sein.

Zusätzlich sind die Sprachkenntnisse des Gegenübers essentiell. Insbesondere beim Austausch von Meinungen ist es hilfreich, die gleiche Sprache zu sprechen, um Missverständnissen besser vorbeugen zu können.

3. Verhaltensbezogene Fähigkeiten:

- Kommunikationsbereitschaft
- Kommunikationsfähigkeiten
- Soziale Kompetenz

Ambiguitätstoleranz ist einer der Schlüsselfaktoren bei der interkulturellen Kompetenz. Es bedeutet übersetzt „Unsicherheitstoleranz". Mehrdeutigkeiten, Widersprüchlichkeiten und Unterschiede werden akzeptiert und toleriert, auch wenn diese aus der eigenen Perspektive und dem eigenen Wertesystem für schwer nachvollziehbar erachtet werden.
(Vgl. Bolten: Interkultureller Trainingsbedarf, 2006, S. 57-75.)

Beispiel: Ein Gesprächspartner berichtet Ihnen, dass in seinem Land Entscheidungen ausschließlich von Vorgesetzten gefällt werden, er Entscheidungen von Gleichgestellten nur schwer akzeptieren kann und diese daher auch nicht in der Diskussion in der Gruppe getroffen werden.

Dem Gegenüber ist Gleichberechtigung und Toleranz wichtig, daher ist die Aussage von ihm für Sie erst einmal wenig nachvollziehbar oder geradezu unverständlich. Nach dem Ambiguitätstoleranzprinzip kann er Ihren Hintergrund jedoch nachvollziehen, erklärt Ihnen seine Sicht der Dinge und nimmt diese Aussage nicht als persönlichen Angriff auf seine Werte.

Das Aushalten der Ansichten des Gegenübers ohne ein (Ver-)Urteilen, ist hier der zentrale Punkt. Das Wertesystem des Gesprächspartners ist nicht falsch, sondern lediglich anders und unterscheidet sich in der Perspektive und Sichtweise auf eine Sache.

Interessant wird es insbesondere dann, wenn sich unterschiedliche Kulturen vermischen. Beispielsweise Deutsche, die türkischer Abstammung sind und in Deutschland aufwachsen. Je nach kultureller Prägung, die sie durch die Eltern erleben, sind ihnen die typischen Werte der türkischen Kultur beziehungsweise der deutschen Kultur wichtig. Auch kann dies je nach Situation stark variieren.

Das Beispiel zeigt deutlich, dass typische Werte in einer Kultur vorzufinden sind, diese aber natürlich unterschiedlich ausgelebt werden oder auch je nach Person verschieden wichtig sind. Das betrifft sowohl den interkulturellen Kontakt als auch die generationsübergreifende Kommunikation, bei der die Inhalte ähnlich sind.

Interkulturelle Kompetenz bedarf emotionaler, kognitiver und verhaltensbezogener Fähigkeiten. Insbesondere die Ambiguitätstoleranz (d. h. Widersprüchlichkeiten werden akzeptiert) ist ein Schlüsselfaktor.

5.3 Generationen und ihre Wertesysteme in Deutschland

Sowohl innerhalb von Unternehmen aber auch in der Gesellschaft treffen verschiedene Generationen aufeinander, wodurch es zu Missverständnissen kommen kann.

Als Generation wird eine Personengruppe bezeichnet, die einer bestimmten Alterskohorte angehört. Generationen unterscheiden sich zum einen durch ihr Alter, zum anderen durch unterschiedliche Wertesysteme.

Wertesysteme entstehen wie oben bereits beschrieben durch verschiedene historische, gesellschaftliche und technische Einflüsse und persönliche Erfahrungen, die in einer Generation gleich oder ähnlich sind. Diese Erfahrungen werden meist im Alter von 11-15 Jahren gemacht und prägen darauffolgend das Weltbild und die damit verbundenen Werte. Werte verschiedener Generationen unterscheiden sich dadurch, dass die Jugendzeit-Erfahrungen eines heute 55-jährigen mit jenen eines heute 23-jährigen nicht vergleichbar sind.

Die Werte der verschiedenen Generationen sind sehr unterschiedlich und offenbaren, welche Einstellung es zum Thema Arbeit gibt.

Während ein Babyboomer eine hohe Loyalität zu seinem Arbeitgeber aufweist, ist für einen Angehörigen der Generation Z, geprägt durch Unsicherheit und Krisen, die Loyalität weniger stark ausgeprägt und auch die Wechselwilligkeit hoch.
(Vgl. Mangeldorf: Von Babyboomer bis Generation Z, 2015, S. 9ff.)

Vier Generationen sind aktuell in der Arbeitswelt zu finden und treffen im beruflichen Kontext täglich aufeinander:

	Babyboomer	Generation X	Millenials	Generation Z
Geburtsspanne	1946-1964	1965-1979	1980-1995	1996-heute
Gesellschaftliche Einflüsse	Wirtschaftswunder Mauerbau Woodstock Mondlandung klassisches Familienbild	RAF Tschernobyl Mauerfall Scheidungsraten	Globalisierung Klimawandel 9/11 Euro Tsunami Helikopter-Eltern	Wirtschaftskrise Finanzkrise Fukushima ISIS Kronprinz-Kindheit
Technische Einflüsse	Fernseher	Walkman Videorekorder MTV	Disc Man Facebook Handy Computer	Reality TV Netflix Smartphone iPad
Werte	Demokratie Gemeinschaft Loyalität Status Sorgfalt	Erfolg Flexibilität Gegenleistung Kompetenz Produktivität Zielorientierung	Abwechslung Sinnstiftung Spaß Selbstverwirklichung Transparenz Lifestyle	Stabilität Vernetzung Unverbindlichkeit Sicherheit Informationsfreiheit Erfüllung

Übersicht der Generationen (angelehnt an Mangelsdorf 2015)

Dies führt zu gegenseitigen Vorurteilen bei den verschiedenen Generationen. Die Studie „European Research on White Collars Work Conditions, Analyzing and understanding the generations at work in Europe“ von Steelcase aus dem Jahr 2010 bestätigt:

- 63 Prozent der Generation Y, aber nur 44 Prozent der Babyboomer gehen optimistisch mit neuer Technik und Veränderungen um,
- 78 Prozent der 16- bis 18-jährigen sind Kurznachrichten und SMS wichtiger als persönliche Gespräche,
- 70 Prozent der Generation Zler könnten sich vorstellen, ihr Hobby zum Beruf zu machen,
- Babyboomer sind mit ihrem Unternehmen stark verbunden, hingegen wechseln Generation Yler schneller wegen fehlender Karrieremöglichkeiten.

Natürlich sind die Beschreibungen der Generationen verallgemeinernd und stereotyp. Sie treffen nicht auf alle Angehörige zu, dennoch sind 20-30 % einer Generation stereotyp und helfen, Unterschiede besser zu verstehen. Verständnis, Ambiguitätstoleranz und weitere Fähigkeiten nach Bolten (2006) sind auch hier wieder die Schlüsselelemente für eine gute generationenübergreifende Kommunikation.

Es hilft nicht, wenn ältere Mitarbeiter sich über die „Flatterhaftigkeit“ der Jüngeren beschweren und Jüngere die „Angst“ der Älteren in Bezug auf Veränderungen und neue Technologien kritisieren.

Ähnlich hilfreich wie Sprachkenntnisse zwischen verschiedenen Kulturen ist eine angepasste Sprache zwischen verschiedenen Generationen. Beispielsweise sollten Jugendwörter, „englische Begriffe“, Fachbegriffe, übermäßig viele Substantive (Nomen) und spezielle Wörter, die eher in einer bestimmten Altersklasse vorzufinden sind, weitestgehend vermieden werden.

Das Verstehen durch Fragen und der beidseitige Wunsch nach einer gemeinsamen Lösung ist wichtig. Insbesondere das Aushalten von Widersprüchen, anderen Meinungen und anderen Perspektiven (S. Ambiguitätstoleranz), die der eigenen Einstellung entgegenstehen, wird zukünftig an Stellenwert gewinnen.

Generationen unterscheiden sich maßgeblich durch unterschiedliche Wertesysteme.
In der Arbeitswelt 4.0 ist die Veränderung von traditionellen Hierarchien und intergenerationelle Zusammenarbeit essentiell für den zukünftigen Erfolg eines Unternehmens.

6. Digital- und Medienkompetenzen

Die bekannten Kompetenzen wie Sozialkompetenz und Methodenkompetenz wurden bisher immer als Fähigkeiten verstanden, die neben den fachlichen Fähigkeiten essentiell für den Erfolg auf privater und auch beruflicher Ebene waren.

Neu ist nun der Bereich der Digitalkompetenz beziehungsweise Medienkompetenz. Aus der Studie von McKinsey geht hervor, dass besonders dieser neue Kompetenzbereich durch den Einsatz von Maschinen und künstlicher Intelligenz (Artificial Intelligence) benötigt wird.

Der Grund für die Modernisierung der Rahmenlehrpläne in vielen Ausbildungsberufen seit 2018 sowie die Aufnahme von möglichen Zusatzqualifikationen ist der für die Zukunft der Arbeitswelt essentiell wichtige fachliche Umgang mit neuer IT und Technologien.

6.1 Digital- und Medienkompetenz – Definition

Die beiden Begriffe Digitalkompetenz und Medienkompetenz wurden jahrelang unterschieden. Mittlerweile werden sie gleichgesetzt und synonym verwendet.

Digitale Kompetenz geht auf den Begriff der Medienkompetenz nach Baacke (1996) zurück. Unterschieden wurde hierbei in Medienkritik, Medienkunde, Mediennutzung und Mediengestaltung. Medienkompetenz wurde jedoch nur auf die Verwendung von Massenmedien wie Zeitungen, TV und Radio bezogen. Seitdem zusätzlich nun immer mehr interaktive digitale Elemente wie Social Media hinzukommen, wird Medienkompetenz nun mit Digitalkompetenz gleichgesetzt.

Die Europäische Kommission hat einen ähnlichen Ansatz und sieht folgende Themen im Vordergrund:

Teilbereiche der Digital- und Medienkompetenz aus DigiComp into Action von Kluzer und Priego (Europäische Kommission), S. 14.

Wie digital kompetent jemand ist, wird nach drei Stufen bewertet:

1. Elementare Verwendung: Grundkenntnisse
2. Selbstständige Verwendung: Anwendung in der Praxis
3. Kompetente Verwendung: Umsetzung und Wissensweitergabe an andere

Beispiel: Videoerstellung

Das häufige Nutzen und Bedienen eines Smartphones bedeutet noch nicht zwingend, digital kompetent zu sein. Für das Erstellen von Videos beispielsweise werden u. a. folgende Fähigkeiten verlangt:

Videos schneiden, verschiedene Sequenzen filmen, Requisiten und Materialien erstellen beziehungsweise kaufen, ein Drehbuch erstellen, Grafiken hinzufügen, Musik unterlegen, die Lautstärke anpassen, Übergänge gestalten, Schrift einfügen, datenschutzrechtliche Aspekte beachten, das Video übertragen beziehungsweise auf diversen Plattformen im richtigen Format hochladen und auf einer Webseite grafisch ansprechend einbinden können.

Zur Selbsteinschätzung dient folgende Übersicht:

	Elementare Verwendung	Selbstständige Verwendung	Kompetente Verwendung
Datenverarbeitung	• Informationen können mithilfe einer Suchmaschine gefunden werden. • Inhalte oder Dateien können abgespeichert und wieder aufgerufen werden.	• Für die Suche können Filter für die Suche nach Dateiformaten (nur Bilder, Videos etc.) eingesetzt werden. • Die Zuverlässigkeit von Quellen durch den Vergleich mehrerer Quellen kann überprüft werden. • Ordner und Dateistrukturen werden angelegt und regelmäßige Backups werden erstellt.	• Für die Online-Suche werden z. B. Suchoperatoren genutzt. • Zuverlässigkeit und Glaubhaftigkeit von Informationen können eingeschätzt werden.
Kommunikation	• Mittels Mobiltelefonen, Voice Over IP (z. B. Skype), E-Mail oder Chat kann kommuniziert werden sowie Dateien ausgetauscht werden. • Soziale Netzwerke und E-Collaboration-Tools sind bekannt sowie deren Regeln.	• Über die elementare Verwendung hinaus werden Online-Services (z. B. Online-Banking, Online-Shopping) verwendet. • Wissen wird über soziale Netzwerke und E-Collaboration-Tools weitergegeben.	• Eine Vielzahl von Kommunikations-Tools wird angewendet und Inhalte mittels E-Collaboration-Tools erstellt und verwaltet (z. B. Elektronische Kalender, Projektmanagement-Systeme, Online-Tabellen). • Erweiterte Funktionen von Kommunikations-Tools werden verwendet (z. B. Videokonferenz, Datenaustausch, Application-Sharing).
Erstellung von Inhalten	• Einfache digitale Inhalte (z. B. Texte, Tabellen, Bilder, Audiodateien) können in mindestens einem Format mittels digitaler Tools produziert werden und Inhalte von anderen bearbeiten. • Das Wissen ist vorhanden, dass Inhalte Copyright-geschützt sein können.	• Komplexe digitale Inhalte (z. B. Texte, Tabellen, Bilder, Audiodateien) können in unterschiedlichen Formaten mittels digitaler Tools produziert werden sowie Tools für die Erstellung von Webseiten oder Blogs mittels Templates (z. B. Wordpress) benutzt werden. • Die Grundlagen einer Programmiersprache sind vorhanden.	• Eine Webseite kann mit Hilfe einer Programmiersprache erstellt werden. • Fortgeschrittene Formatierungsfunktionen von unterschiedlichen Tools (z. B. Serienbriefe, Zusammenfügen von Dokumenten aus unterschiedlichen Formaten, Benutzung von fortgeschrittenen Formeln, Makros usw.) werden beherrscht.

Sicherheit	• Einfache Maßnahmen werden ergriffen, um Geräte zu schützen (z. B. Anti-Virus-Programme und Passwörter benutzen). • Wissen über Stehlen von Daten sowie unzuverlässige Informationen im Internet ist vorhanden. • Wissen über extensive Nutzung digitaler Technologien die der Gesundheit schaden können ist vorhanden.	• Sicherheitsprogramme auf den Geräten sind stets auf dem neuesten Stand. • Verschiedene Passwörter werden verwendet und regelmäßig geändert. • Webseiten mit betrügerischen Absichten sowie Phishing-E-Mail werden erkannt.	• Sicherheitseinstellungen und -systeme meiner Geräte werden regelmäßig überprüft und der sichere Umgang bei Befall mit einem Virus ist vorhanden. • E-Mails und Dateien können verschlüsselt werden und Filter angewendet werden, um Spam abzuwenden.

Digitale Kompetenzen - Raster zur Selbstbeurteilung; Quelle: Europäische Union, 2015.

Die Darstellung der fächerübergreifenden Zusatzqualifikationen für digitale Kompetenzen in der Aus- und Weiterbildung widmet sich dem Thema in Form von fünf Bausteinen:

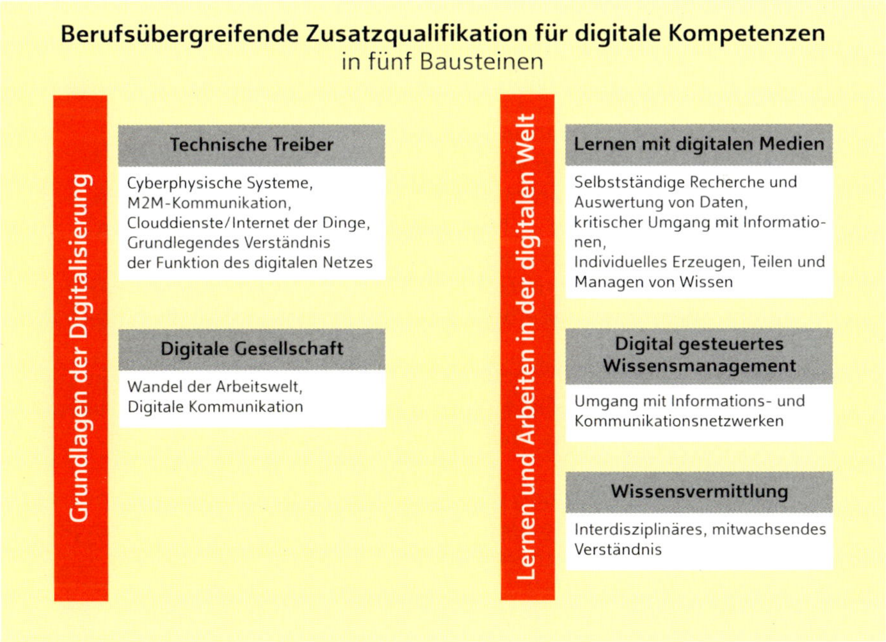

Berufsübergreifende Zusatzqualifikation für digitale Kompetenzen
in fünf Bausteinen

Grundlagen der Digitalisierung

Technische Treiber
Cyberphysische Systeme, M2M-Kommunikation, Clouddienste/Internet der Dinge, Grundlegendes Verständnis der Funktion des digitalen Netzes

Digitale Gesellschaft
Wandel der Arbeitswelt, Digitale Kommunikation

Lernen und Arbeiten in der digitalen Welt

Lernen mit digitalen Medien
Selbstständige Recherche und Auswertung von Daten, kritischer Umgang mit Informationen, Individuelles Erzeugen, Teilen und Managen von Wissen

Digital gesteuertes Wissensmanagement
Umgang mit Informations- und Kommunikationsnetzwerken

Wissensvermittlung
Interdisziplinäres, mitwachsendes Verständnis

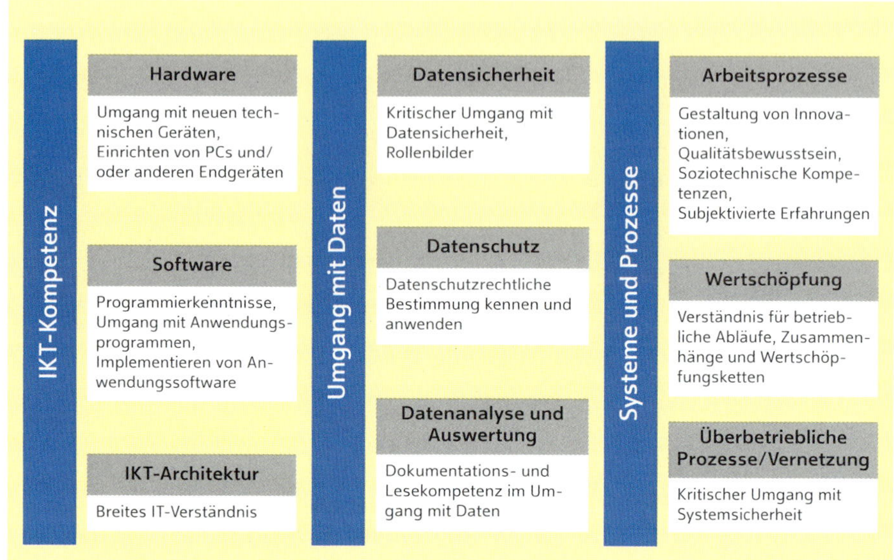

Berufsübergreifende Zusatzqualifikationen für digitale Kompetenzen
Quelle: Projekt Zusatzqualifikationen für digitale Kompetenzen in der Aus- und Weiterbildung

Digital kompetent sein bedeutet demnach:

- die Grundlagen der Digitalisierung zu verstehen
- in der digitalen Arbeitswelt lernen und arbeiten zu können
- mit Hardware, Software sowie IKT-Architektur umgehen zu können
- ein Verständnis für Daten zu haben, insbesondere Datensicherheit, Datenschutz, Datenanalyse und -auswertung
- Systeme und Prozesse innerhalb des Betriebes beziehungsweise der Institution sowie auch außerhalb zu verstehen und kritisch zu hinterfragen

Offensichtlich ist, dass die Aneignung von digitalen Kompetenzen kein Ziel ist, das an einem bestimmten Punkt erreicht wird; vielmehr ist selbst auf einem hohen Niveau eine kontinuierliche Weiterentwicklung notwendig.

Als Beispiel dient die Entwicklung von neuer Software, Hardware oder auch Systemen, die in ein paar Jahren andere Vorgehensweisen und Verknüpfungen haben. Diese müssen dann neu erlernt werden.

Im Folgenden werden die Inhalte der berufsübergreifenden Zusatzqualifikationen für digitale Kompetenzen erläutert.

6.2 Grundlagen der Digitalisierung

Um das Feld der digitalen Kompetenz zu verstehen, ist es nötig die Begrifflichkeiten Digitalisierung, Arbeitswelt 4.0 und auch das digitale Netz zu erläutern und verstehen zu können.

Technische Treiber

Verschiedene technische Treiber gewinnen aktuell und in Zukunft an Bedeutung.

Bei *cyberphysischen Systemen* sind mechanische Bestandteile über Netzwerke mit moderner Informationstechnik verbunden.

Bekannte Anwendungsfelder sind beispielsweise

- Smarts Grids (d.h. intelligente Stromnetze)
- Assistenzsysteme wie Pflegeroboter
- Internet der Dinge (Internet of Things, kurz „IoT") wie Smart Home-Anwendungen, bei denen Kaffeemaschinen, Waschmaschinen und Kühlschränke mit dem Internet verbunden sind und beispielsweise Milch automatisch nachbestellt wird.

Smart Home – Kühlschrank bestellt Milch nach

- Künstliche Intelligenz (KI) sind Maschinen, Programme und Roboter, die selbst denken können, beispielsweise Amazon, Alexa, Chat Bots

Amazon Alexa

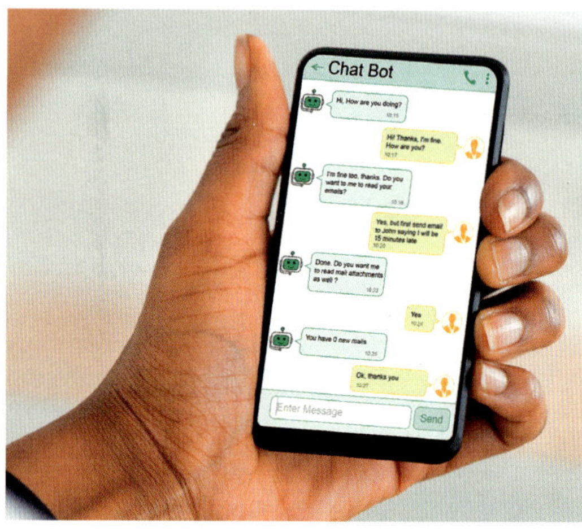

Chatbot

- 3D-Druck (d. h. Herstellen von dreidimensionalen Produkten), wie z. B. Häuser, Zahnersatz und Organe (gerade wird bereits an künstlichen Nachbildungen des menschlichen Herzens gearbeitet)
- Virtual und Augmented Reality (VR/AR) (= erweiterte Realität), Bsp. Pokémon Go, Virtual Reality Showroom von IKEA, Schaltbefähigung von der TÜV Akademie

IKEA

Virtual Reality Showroom

Virtual Reality Showroom von IKEA

- Drohnen (= unbemannte Flugobjekte), die beispielsweise für Transport, Videoaufnahmen oder zum Katastrophenschutz eingesetzt werden können

Eine Drohne im Einsatz

Mit *Machine-to-Machine-Kommunikation* (M2M-Kommunikation) ist der Austausch von Daten und Informationen zwischen Maschinen gemeint. Damit wird IoT (d. h. Internet der Dinge) ermöglicht.

Beispiel: DHL

DHL „Smart Sensor"

Einige Medikamente oder Lebensmittel müssen entlang der Lieferkette auch auf dem Transport gekühlt werden. Der Logistikanbieter DHL hat daher einen „Smart Sensor" entwickelt, der einem Paket beigelegt wird und u. a. Temperatur, Dauer des Transportes etc. misst. Bei einer kritischen Temperatur wird sowohl der Empfänger als auch das Berichtssystem informiert. Somit ist eine frühzeitige Reaktion möglich.

Eine Cloud ist eine sogenannte „Datenwolke", die einen Speicherplatz darstellt, bei dem virtuell Daten abgelegt werden können. Durch Internetzugriff können diese Daten standortungebunden abgerufen, verarbeitet und mit jedem Endgerät (Computer, Laptop, Smartphone etc.) verwendet werden. Bekannte Cloud-Dienste sind z. B. Dropbox oder Google Docs.

Das Wissen über IKT-Kompetenz, der Umgang mit Daten und das Verständnis über System und Prozesse sind neben den oben genannten Zusammenhängen wichtig für das Verständnis des digitalen Netzes.

Digitale Gesellschaft

Hier geht es um die Auswirkungen der Digitalisierung auf die Gesellschaft, das Privatleben und das Arbeitsleben. Die Digitalisierung der Gesellschaft hat Auswirkungen auf unsere Kommunikation. Kommunikation wird über digitale Kanäle verändert, verbessert, vereinfacht oder – je nach Verlauf – auch erschwert. Die Kompetenz liegt darin, entscheiden zu können, welche Art der Kommunikation für den jeweiligen Zweck sinnvoll ist. (S. Future Work Skills: Cognitive Load Management.)

Beispielsweise gehört es dazu, die richtigen Informationen aus dem Internet herauszufiltern, Strategien zum Umgang mit E-Mails und anderen Nachrichten zu haben sowie ein Bewusstsein dafür zu entwickeln, dass mithilfe des Internets politische und gesellschaftliche Meinungen beeinflusst werden.

Weitere Themen, die starken Einfluss auf die Gesellschaft haben, sind laut dem Bundesamt für Sicherheit und Informationstechnik:

- elektronischer Zahlungsverkehr (bargeldlos, online, offline), z.B. Apple Pay, PayPal
- elektronische Identitäten (eIDs) mittels elektronischer Ausweisdokumente, z.B. via Barcode, biometrische Verfahren
- elektronische Signaturen (Unterschrift digital), z.B. DocuSign
- Biometrie, z.B. Überprüfung der Identität durch die Erkennung von Gesichtsmerkmalen, Fingerabdruck
- RFID (Radio Frequency Identification), automatische Erkennung von Objekten via Funk, z.B. Skipass, elektronische Wegfahrsperre, Hundechip, NFC im Smartphone
- Open Source Software (freie Software), d.h. Software, bei der der Quellcode frei zugänglich und veränderbar ist, z. B. Firefox, Gimp, Ubuntu
- E-Health („gespeicherte Gesundheitsdaten"), z. B. Allergien, Notfallkontakte, Vorerkrankungen

Neben diesen sind eine Vielzahl von weiteren Themen aktuell in der Diskussion und werden mit Modellprojekten auf Anwendbarkeit getestet.

Pay

Einfach. Sicher. Bezahlen.

Kartenloses Zahlen mit Apple Pay

6.3 Lernen und Arbeiten in der digitalen Welt

Lernen mit digitalen Medien

Wie bereits im Kapitel „Lernen“ erwähnt, ist dies Voraussetzung für eine digitale Kompetenz.

Zunehmend wird beim Lernen mehr Selbstverantwortung verlangt, da das Wissen über verschiedene Lernhilfen und Plattformen selbst angeeignet wird. Während Lernschwäche von einem Lehrer beobachtet und damit unterstützt werden kann, wird diese Selbstbeobachtung noch von Ihnen selbst erwartet. Es ist in Zukunft mittels dieser Lernplattformen nicht mehr zwingend notwendig, einen Lehrer/Ausbilder/Referenten zu haben oder am gleichen Ort mit den anderen Lernenden zu sein.

Sowohl im Austausch (Wiki, Chat, Forum) mit anderen über eine Plattform als auch durch verschiedene Lernangebote wie Text, Bild, Video und Aufgaben eignen Sie sich Wissen, Fertig- und Fähigkeiten an. Diese werden online oder offline mit einer Leistungskontrolle gemessen, die sowohl zur Prüfung als auch zur Wiederholung genutzt werden kann.

Für eine bessere Disziplin und ein abwechslungsreicheres Erlebnis sind diese häufig mit Gamification-Modulen (spieltypische Elemente) verbunden. Beispielsweise werden verschiedene Lern-Level erreicht, es können im Wettbewerb Punkte gesammelt werden und die Visualisierung erinnert an Computerspiele. Ein Kontakt zum Lehrenden erfolgt via Chat oder Videokonferenz.

Wichtig ist, sich mit der Technik befassen zu wollen und diese bedienen zu können. Zu einem guten Lernprozess gehört das Erstellen von Beiträgen in Wikis, der Austausch mit anderen Teilnehmern auf der Plattform, das Ablegen von Daten in sinnvollen Ordnerstrukturen lokal oder in der Cloud. Zusätzlich von Wichtigkeit ist nicht nur die Aneignung, sondern auch die kritische Auseinandersetzung mit den Inhalten sowie die Überprüfung der Quellen (S. Umgang mit Daten).

Digital gesteuertes Wissensmanagement

Wissensmanagement bezeichnet Aktivtäten, die das Ziel haben, das eigene Wissen und das von Mitarbeitern eines Unternehmens untereinander verfügbar zu machen. Eine bekannte Wissensmanagement-Plattform ist Wikipedia. Auf Wissensmanagement-Plattformen ist dargestellt, welche Begriffe miteinander verknüpft sind. Die Besonderheit liegt darin, dass dieses digital dargestellte Wissen von verschiedenen Personen aktualisierbar ist.

Bearbeitungsfunktion bei Wikipedia

Wissensvermittlung

Bei der Vermittlung und der Aneignung von Wissen geht es um ein interdisziplinäres Verständnis. Interdisziplinär bedeutet, verschiedene Fachbereiche betreffend. Zur Lösung eines Problems arbeiten Betriebswirte, Mechatroniker, Elektroniker und auch ITler zusammen. Zum einen durch Austausch ihres Wissens, zum anderen durch ihre unterschiedliche Herangehensweise.

6.4 IKT-Kompetenz

Die Informations- und Kommunikationstechnik (IKT) wird landläufig meist mit IT bezeichnet. Die IKT-Kompetenz setzt sich zusammen aus Hardware, Software und IKT-Architektur.

Hardware

Der Umgang mit technischen Geräten wie PC, Laptop und Smartphone und auch das Einrichten dieser Geräte ist ein wichtiger Teil dieser Kompetenz. Auch die Wartung der Geräte bis hin zur Reparatur von kleineren Problemen und Mängeln wird verlangt. Es wird beispielsweise erwartet, dass Kontakte, Daten und Kalendereinträge von einem auf das andere Gerät übertragen werden können, oder auch ein Lautsprecher über Bluetooth mit dem Laptop zum Abspielen von Ton und Musik verbunden werden kann.

Hardware

Software

Aufbauend auf den Umgang mit der Hardware wird ebenso vorausgesetzt, dass Anwendungsprogramme, z. B. für Bildbearbeitung, Textverarbeitung, Videoschnitt oder Spiele installiert, eingerichtet und auch mit oder ohne Hilfe von

Anleitungen genutzt werden können. Darüber hinaus werden Programmierkenntnisse erforderlich, die beispielsweise für das Erstellen eigener Anwendungsprogramme und Webseiten notwendig sind.

Software

IKT Architektur

Die Informations- und Kommunikationstechnologie wird mit IKT abgekürzt. Bei Betrachtung der Entwicklung von PCs, Laptops und Mobilfunkgeräten in den letzten 10 Jahren, ist die Fülle von Endgeräten und Programmen auffällig. Täglich kommt weitere Hardware und Software neu hinzu.

Über ein breites IT-Verständnis verfügt derjenige, der grundlegende Zusammenhänge der IT-Infrastruktur übergeordnet verstehen und nachvollziehen kann. Dazu gehören beispielsweise die Bereiche Datensicherung, Kapazitätsplanung, Ausfallsicherheit und Prozesse. (S. Systeme und Prozesse.)

6.5 Umgang mit Daten

Datensicherheit

Ein wichtiger, häufig vernachlässigter Teil der digitalen Kompetenz ist die Datenkompetenz. Wie bereits erwähnt, wird der kritische und bewusste Umgang mit Daten verlangt. Dies betrifft besonders den Bereich der Datensicherheit.

Durch die Möglichkeit, Daten in Clouds oder auf externen Servern zu speichern und damit Daten von überall abrufen zu können, können neue Sicherheitsrisiken entstehen. Täglich gibt es Nachrichten über Hacker-Angriffe oder auch gestohlene Passwörter von Kunden.

Datenschutz

Im Berufskontext ist es wichtig, dass jeder Mitarbeiter einen kritischen Umgang mit der Verbreitung von Daten (Bild, Text, Ton) haben muss, damit Betriebsinterna nicht an Externe sowie an Nicht-Befugte gelangen. Das verlangt vom Mitarbeiter, mitzudenken und vorsichtig mit sensiblen Informationen umzugehen.

Nicht erst seit Inkrafttreten der DSGVO (Datenschutzgrundverordnung) im Mai 2018 verfügt jedes Unternehmen über Datenschutzrichtlinien, die nicht nur gekannt, sondern auch sicher angewandt werden müssen.

Datenanalyse- und auswertung

Ein besonderer Punkt, der bereits beim Kapitel Lernen genannt wurde und nicht oft genug wiederholt werden kann, ist die kritische Analyse von Daten und deren Auswertung. (S. Future Work Skills: New Media Literacy.)

Geprägt wurde diese Diskussion von sogenannten „Fake News“ (Falschmeldungen). Während früher „Gerüchte“ intensiv von Journalisten und Sachverständigen geprüft und richtig veröffentlicht wurden, tauchen aktuell täglich sogenannte „Fake News“ auf, die meist eine klare Intention haben.

Grund dafür ist, dass Informationen durch das Internet binnen Sekunden von jedem veröffentlicht werden können, ohne dass diese vorab einen Prüfungsprozess durchlaufen.

Technisch wird dies noch durch einfach umzusetzende Foto- und Videomontagen unterstützt.

Meist ist nicht zu erkennen, ob es sich um ein originales Dokument oder um eine Fälschung handelt.

Wie gefährlich dies sein kann, wurde deutlich, als sogar renommierte Zeitungen Falschmeldungen veröffentlichten, weil sie sich nicht ausreichend Zeit für Recherche nahmen. Der Druck auf die Medien ist groß geworden, binnen weniger Sekunden die neuesten Nachrichten zu verbreiten.

Hier ein paar Beispiele für Fake News und die Konsequenzen, die daraus folgten:

- Ein abgebliches Schreiben des Landratsamtes wurde in Umlauf gebracht, was angab, dass die Sommerferien verkürzt wurden.

- Laut einem Zeitungsartikel wurde Morgan Freeman für tot erklärt. Verschiedene renommierte Zeitungsverlage haben die Meldung verbreitet; es wurde sogar international darüber berichtet.

- Im Dezember 2018 gab es ein Coca-Cola Plakat mit der Aufschrift „Für eine besinnliche Zeit: Sag' Nein zur AfD!". Coca-Cola sorgte dabei insbesondere bei AfD-Politikern und Wählern für Furore. Das Plakat stellte sich als Fälschung heraus. Weniger Tage später erschien ein vermeintliches Plakat vom Konkurrenten Pepsi als Antwort: „Für eine besinnliche Zeit: Sag' ja zur AfD!" Das Bild wurde häufig in Kreisen der AfD geteilt. Auch hier stellte sich heraus, dass dies nicht von Pepsi erstellt wurde.

Die zunächst amüsant klingenden Beispiele zeigen jedoch auch die Tragweite von Fake News. Insbesondere beim Wahlkampf in den USA gab es zahlreiche Fake News, bei denen man sich heute sicher ist, dass diese die Wahl in unterschiedlichen Lagern beeinflusst haben.

Folgende Fragen sollte man sich stellen, um zu prüfen, ob es sich um Fake News handelt:

1. Was ist die Nachricht?
   Wer sagt was, wie, warum, wieso?
   Wichtig ist hierbei auch, nicht nur einzelne Informationen herauszugreifen, sondern den ganzen Text zu bewerten.

2. Gibt es eine Vorgeschichte?
   Welche Hintergründe gibt es zu der Nachricht?
   Bei Statistiken: Wie ist die Statistik entstanden? Wie hoch war die Stichprobe? Ist die Nachricht realistisch?

3. Intention/Quelle
   Wie seriös ist die Quelle?
   Kann ich sicher sein, dass die Inhalte journalistisch entwickelt und überprüft wurden?
   Beruft sich die Quelle auf andere Quellen, den ich trauen kann?
   Welche Absicht könnte die Quelle haben? Ist sie politisch motiviert? Neigt sie zu Schlagzeilen und Verkaufszahlen?

4. Beweise
   Gibt es mehrere unterschiedliche Quellen wie Video, Ton und Bild, die die Nachricht belegen?

5. Befragung von Experten
   Gibt es Bücher, Studien beziehungsweise Experten, die man befragen kann?
   Wer innerhalb Ihres Umfelds weiß mehr dazu?

Beachten Sie: Eine Twitter-Nachricht kann seriöser sein als ein News-Artikel auf einer Internetseite.

6.6 Systeme und Prozesse

Arbeitsprozesse

Digitalisierung ist kein Selbstzweck, sondern dient dazu, Systeme und Prozesse für den Kunden zu verbessern. Diese können intern als auch extern sein.

Der Fokus liegt bei den Arbeitsprozessen auf der Verbesserung von bestehenden Prozessen sowie der Entwicklung von Innovationen mit dem Ziel, die Kundenzufriedenheit und die Zukunftsfähigkeit des Unternehmens zu gewährleisten. Damit einher geht ein Qualitätsbewusstsein, dass sich langfristig durchsetzt. Qualität wird nur erreicht, wenn alle Systeme und Prozesse im Arbeitskontext stetig verbessert werden. Es bedarf dem Verständnis, der soziotechnischen Kompetenz, dass dieser Prozess durch das Zusammenwirken von Technik, Organisation und Mensch erfolgt.

Wertschöpfung

Wertschöpfung ist in diesem Zusammenhang kein neuer Begriff. Neu jedoch ist, dass der einzelne Mitarbeiter immer weniger einen vorher abgesteckten Arbeitsprozess erledigt, sondern ein Verständnis für betriebliche Abläufe mitbringen muss.

Beispielsweise wird verlangt, dass ein Elektroniker beim Installieren eines Hausanschlusses den Kunden auf zukünftige Möglichkeiten wie z. B. das Laden von Elektrofahrzeugen oder Smart Home-Lösungen aufmerksam macht.

Überbetriebliche Prozesse und Vernetzung

Ein sicherheitsbewusster Umgang mit Daten und IT-Netzen ist Voraussetzung für die Arbeit in Betrieben. Durch die Vernetzung sind Angriffe auf Daten und Prozesse von außen leichter möglich. Programme, Rechner und Netze können durch Viren und Lücken manipuliert werden und haben meist großen Einfluss auf die Wettbewerbsfähigkeit.

Wichtig ist hier neben technischen Sicherheitssystemen, ein Verständnis über mögliche Gefahren zu haben und sich u. a. an folgende Regeln zu halten (erstellt durch das Institut für Informatik der FU Berlin):

- Starten Sie kein Programm, das Sie nicht kennen.
- Laden Sie nur Programme herunter, die geprüft sind.
  Hier gibt es in Unternehmen meist eine Sicherheitsbarriere, welche das Herunterladen von Programmen unterbindet.
- Mehr-Personen-Programmierung, um Fehler als auch Sabotage von außen zu verhindern.
- Zugriffsrechte ausgewählt vergeben.
- Verschlüsseln Sie sensible Daten.
- Setzen Sie Viren-Scanner und Anti-Viren-Programme ein.
- Verwenden Sie nur geprüfte Geräte und USB-Sticks.

Die digitale Kompetenz ist komplex und weitreichend. Sie wird sich mit dem Fortschreiten der Digitalisierung weiterentwickeln. Digital kompetent sein bedeutet aktuell, die Grundlagen der Digitalisierung zu verstehen, in der digitalen Arbeitswelt lernen und arbeiten zu können, mit Hardware, Software sowie IKT-Architektur umgehen zu können, ein Verständnis für Daten zu haben (insbesondere Datensicherheit, Datenschutz, Datenanalyse und -auswertung) sowie Systeme und Prozesse innerhalb des Betriebes beziehungsweise der Institution und auch außerhalb zu verstehen und kritisch zu hinterfragen.

Arbeitswelt 4.0 und Kompetenzen – Ein Ausblick

In diesem Buch wurde die Bedeutung von überfachlichen Kompetenzen aufgezeigt. Insbesondere die Kompetenzbereiche Problemlösekompetenz, Veränderungs- und Lernkompetenz, Zusammenarbeit mit Kunden und Kollegen, interkulturelle und generationsübergreifende Kommunikation sowie Digital- und Medienkompetenzen geraten in der Zukunft noch stärker in den Blick.

Die menschliche Arbeitskraft wird in verschiedenen Berufen abgewertet werden und es bedarf einer Neuausrichtung dieser Fachkräfte.

Künstliche Intelligenzen und Roboter verändern in Zukunft Berufsgruppen.

Dazu zählen beispielsweise

- Berufskraftfahrer, die durch intelligente Fahrsysteme beziehungsweise autonomes Fahren ersetzt werden,
- Texter und Grafikdesigner, die durch Software für Grammatik und Gestaltung Aufgaben verlieren (Bsp. Grammarly, Canva),
- kaufmännische Angestellte, die durch Programme immer mehr Zeit für Routineaufgaben einsparen,
- Verkäufer, die durch Selbstbedienungskassen, Amazon Go oder Online Shopping ersetzt werden,
- Köche, die durch Systemgastronomie und standardisierte Produkte für einige Aufgaben abgelöst werden,
- Anwälte und andere Berufe im Bereich Recht, die rechtssichere Dokumente erstellen.

  Da diese Dokumente nach Mustern und Gesetzen erstellt werden, ist es einfach, diese Tätigkeiten durch Software ersetzen. Die anwaltliche Präsenz vor Gericht wird weiterhin wichtiger Teil des Anwaltberufes bleiben,
- Bankangestellte, die aktuell bereits durch Online Banking ersetzt werden.

Menschliche Aufgaben werden in Zukunft darin bestehen, komplexe Probleme zu lösen, es an Kreativität bedarf und soziale Kompetenzen zum Tragen kommen.

Ein großer Wandel im Bereich Wirtschaft, Technik und Gesellschaft steht an. Es wird nötig sein, Menschen in veränderten Rahmenbedingungen zu beschäftigen, die bislang gewohnt waren, routinierte Aufgaben zu übernehmen und nicht über jene Sozialkompetenzen und Kreativität verfügen; einigen von ihnen werden auch nicht die Bereitschaft zeigen, sich zu verändern.

Sowohl Veränderungen bei Aufgaben, die sich aus der Abwertung der menschlichen Arbeitskraft ergeben als auch eine ansteigende Arbeitsbelastung, können individuell gesundheitsschädigend sein und zu einer Zunahme von psychischen Erkrankungen führen.

Laut einer Bertelsmann Studie aus dem Jahr 2015 über „Indirekte Unternehmenssteuerung, selbstgefährdendes Verhalten und die Folgen für die Gesundheit", leidet jeder dritte Arbeitnehmer an Stress.

Menschen, die durch veränderte Rahmenbedingungen und zunehmenden Druck nicht mehr abschalten können, erkranken an psychischen Erkrankungen wie Burnout und Depression.

Unternehmen müssen Rahmenbedingungen und eine Kultur erschaffen, in der die ständige Erreichbarkeit nicht notwendig ist beziehungsweise sich nicht negativ auf die Gesundheit des Mitarbeiters niederschlägt.

Führungskräfte werden besonders in der Betreuung von Mitarbeitern auf emotionaler und sozialer Ebene gefordert.

Berufsgruppen wie Psychologen, Sozialpädagogen und Gesundheitscoaches werden davon profitieren.

Erlernte Kompetenzen, Wissen und Fertigkeiten verlieren durch neue Technologien, Aufgaben und Anwendungsfelder an Bedeutung.

Kompetenzen sind daher nicht als Ziel zu sehen, sondern sind dynamisch und müssen immer wieder erweitert werden.

Lernen ist ein lebenslanger Prozess, der auch im Rentenalter nicht aufhört.

Die Digitale Kompetenz wirkt aktuell so, als sei sie eine fachliche Kompetenz für technische Berufe. Sich in diesem Bereich ständig weiterzuentwickeln wird in Zukunft eine überfachliche Kompetenz für jedermann sein.

Symbole

A

B

C

D

E

F

G

I

K

L

M

N

P

Q

S

T

V

|Bundesministerium für Arbeit und Soziales, Berlin: Abtl. Grundsatzfragen des Sozialstaats, der Arbeitswelt und der sozialen Marktwirtschaft; Weiss-Buch – Arbeiten 4.0; März 2017, S.20 8; Abtl. Grundsatzfragen des Sozialstaats, der Arbeitswelt und der sozialen Marktwirtschaft; Weiss-Buch – Arbeiten 4.0; März 2017, S.27 9. |Deutsche Post DHL Group, Bonn: 81. |Hasso-Plattner-Institut für Digital Engineering gGmbH - HPI School of Design Thinking, Potsdam: 40. |IKEA Deutschland GmbH & Co. KG, Hofheim-Wallau: 80. |Institute for the Future, Palo Alto: © 2011 Institute for the Future for University of Phoenix Research Institute. All rights reserved. 17. |iStockphoto.com, Calgary: AndreyPopov 32; Boonyachoat 4, 38; eternalcreative 5, 50; FactoryTh 4, 20; ipopba 5, 74; metamorworks 4, 6; Rawpixel 5, 63; Srisuwan, Natnan 81. |KUKA Aktiengesellschaft, Augsburg: 61. |Lithos, Wolfenbüttel: 6, 10, 11, 22, 24, 26, 29, 41, 42, 45, 47, 49, 52, 57, 64, 67, 68, 75, 77, 78. |McKinsey & Company Inc., Düsseldorf: McKinsey Global Institute 56. |Schmitz, Claudia, Köln: 27, 28. |stock.adobe.com, Dublin: alphaspirit Titel; anatolir 34; AndSus 79; asfianasir 33; gkrphoto 26; JuanCi Studio 80; Kara 35; LVDESIGN Titel; nosorogua 85; Popov, Andrey 80; Scanrail 86. |WIKIMEDIA Foundation, Inc., San Francisco: Screenshot der Bearbeitungsansicht von de.wikipedia.org/wiki/Wiki, erstellt von Welt-der-Form, 2018/09/24 84. |© Apple: https://www.apple.com/de/apple-pay/ 83.

Wir arbeiten sehr sorgfältig daran, für alle verwendeten Abbildungen die Rechteinhaberinnen und Rechteinhaber zu ermitteln. Sollte uns dies im Einzelfall nicht vollständig gelungen sein, werden berechtigte Ansprüche selbstverständlich im Rahmen der üblichen Vereinbarungen abgegolten.